单分子膜材料的
设计制备及应用

何　萌◎著 ◀

U0264333

中国石化出版社
·北京·

内 容 提 要

　　本书系统全面地介绍了单分子膜的发展概况、制备方法、表征手段和应用领域。重点介绍了 LB 膜、自组装膜及二维材料膜的结构特点、制备手段及表征方法，及其在储存、手性催化、光电等领域的应用；阐述了典型界面衍生膜(MOFs 膜、COFs 膜及非晶碳膜)的制备、表征及其在气体分离、海水淡化等领域的广泛应用。

　　本书可以供单分子膜等新材料研究工作者，尤其是从事 LB 膜、自组装分子膜和二维材料膜研究领域的教师及科研人员参考使用。

图书在版编目(CIP)数据

　　单分子膜材料的设计制备及应用 / 何萌著. — 北京：中国石化出版社，2023. 12
　　ISBN 978-7-5114-6004-2

　　Ⅰ.①单… Ⅱ.①何… Ⅲ.①单分子膜-材料制备 Ⅳ.①O484

　　中国国家版本馆 CIP 数据核字(2023)第 240708 号

中国石化出版社出版发行

地址:北京市东城区安定门外大街 58 号
邮编:100011　电话:(010)57512500
发行部电话:(010)57512575
http://www.sinopec-press.com
E-mail:press@sinopec.com
北京捷迅佳彩印刷有限公司印刷
全国各地新华书店经销

*

710 毫米×1000 毫米 16 开本 8.5 印张 139 千字
2023 年 12 月第 1 版　2023 年 12 月第 1 次印刷
定价:52.00 元

⤵ 前言

关于单分子膜的研究早在 18 世纪就有，但是直到近代随着纳米检测技术的发展才真正有了较大的研究进展。在很长一段时间内，单分子膜指的就是气-液界面生成的具有单分子层排列的 LB 膜，后面随着液固界面上自组装膜的发现，单分子膜的含义也在扩大。到目前为止，具有单分子层厚度、单原子（或几个原子）厚度的分子膜，如常见的二维材料石墨烯、过渡金属硫系化合物（MDCs）、黑磷（BP）以及金属有机框架（MOFs）膜等，我们都可以称为单分子膜。

LB 膜的制备主要涉及成膜分子、亚相、基底选择，提拉方式的区别以及开始提拉点（固态膜阶段）的选择。自组装分子膜的制备主要分为吸附过程和重组过程。二维材料膜的制备方法较多，主要可以分为两类：一类是自上而下法（Top-down），如机械剥离法、超声剥离法等；另一类是自下而上法（Bottom-up），如化学气相沉积法、界面法、湿化学合成法等。

单分子膜材料具有纳米级别厚度，因此，对其结构的表征往往需要能够识别纳米材料的仪器，用于对单分子膜物理化学性质、表面性质、电学性质等研究中。主要涉及反射吸收光谱（RA）、表面衰减全反射谱（ATR）、椭圆偏振测量（Ellipsometry）、电子自旋共振（ESR）、红外二极性（IR Dichroism）、表面膜电位、极性共振拉曼谱、偏振调制红外反射吸收

I

光谱、荧光显微镜和各种衍射技术[小角 X 射线衍射、中子衍射、电子衍射、X 射线光电子能谱(XPS)、同步加速 X 射线衍射、扫描隧道显微镜(STM)和原子力显微镜(AFM)等]。

本书共 4 章，第 1 章主要介绍了 LB 膜、自组装膜、石墨烯的发展历史及部分二维材料膜的结构特征。第 2 章主要介绍了 LB 膜、自组装膜、二维材料膜的制备方法及结构表征方法。第 3 章主要介绍了三种界面衍生膜——MOFs 膜、COFs 膜及非晶碳膜的结构特点，制备方法和结构表征方法。第 4 章介绍了多种单分子膜在分子自组装手性研究、光电、半导体材料、分离结束、海水淡化、可再生能源的纯化、储存与转化等方面的应用。

本书系统地介绍了 LB 膜、自组装单分子膜、部分二维材料膜的制备方法、结构特征、结构表征方法以及应用，同时还介绍了新近研究的界面衍生膜——非晶碳膜的制备特点、表征方法及其在盐差发电上的应用研究。这些均为未来制备具有单分子厚度的膜材料提供了一定的理论和实验支持，具有重要的指导意义。

本书出版获得西安石油大学优秀学术著作出版基金资助，并获得陕西省科学技术厅科研计划项目资助(项目编号：2023-JC-QN-0107)，作者在此表示感谢。

由于作者水平有限，书中难免会有不足和疏漏之处，还请大家批评指正。

目录

I

1 单分子膜概述

单分子膜的研究始于 18 世纪，在此之前关于单分子膜的运用早在公元前就开始了。最早利用单分子膜的是古巴比伦人，他们发现将油铺展在水面可以平静海浪。这种"平静海浪油"的技术一直沿用至今。关于单分子膜的正式研究可以说开始于 Benjamin Franklin 的一个实验。1757 年，在加拿大 Nova Scotia 附近航行的时候，Franklin 注意到有两艘船附近的海浪很平静。他从船长那里得知，这两艘船的厨子把油洒到了水面上。一开始 Franklin 自己都不信油有这样的作用，有一次在英国南部 Clapham 的大风天里，他尝试将 1 勺植物油铺满近 2000m² 的池塘水面，池面果然没有起浪。Franklin 后来就这个现象和英国皇家学会的会员 William Brownrigg 进行了讨论。在 1774 年 Franklin 报告了这一实验，并对"平静海浪膜"的实用价值和铺展机理做了相关推测。这可以说是有关表面化学最早的科学实验记录。伴随着科学家们对于"平静海浪膜"的铺展机理的进一步研究，有关单分子膜的研究也慢慢展开。

目前单分子膜的研究主要有三大类，一类是 LB 膜，一类是单分子自组装膜，还有一类可以称为广义单分子膜——二维材料膜。下面分别对三类膜的发展历史进行简单介绍。

1.1 LB 膜的发展历史

对于可以平静海浪的油膜，在 Franklin 给出报告后很长一段时间里都没有人给出更科学的解释，直到 1890 年英国物理学家 Lord Rayleigh 在研究水的表面张力的时候，通过在其表面上扩散一层油膜而成功地估算出这层膜的厚度在 1~2nm，这就是单分子层脂肪酸膜的厚度，Lord Rayleigh 首次提出单分子膜概念。

1891 年，德国女科学家 Agnes Pockels 运用自主设计的一款简单的装置对水面及其表面铺展膜的表面张力进行了计算，由于当时社会的不平等，她靠自学成才，无法单独发表论文，在 Lord Rayleigh 的帮助下，她才得以将自己的多篇实验结果发表在 *Nature* 杂志上。Pockels 的实验简单而有效：她设计了一个锡制水槽，里面装满水，将一个锡条放在液体表面，通过一个带有可调节力臂的轻天平来测量使得一个直径约 6mm 的小圆盘正好离开表面的力来计算槽中不同部分的表面张力。这一装置设计得巧妙而精确，她计算出一个硬脂酸（植物油中的主要成分）分子所占面积为 $2.2nm^2$，对于当时的实验条件来说，这个数值相当精确。Pockels 设计的实验装置就是我们沿用至今的 Langmuir-Blodgett 膜天平的雏形，而在文章中 Pockels 发表的数据曲线就是我们现在用的表面压-面积（$\pi-A$）曲线。在 Pockels 的实验中，她用一个金属的屏障片来控制表面分子的膜面积（当金属屏障片靠近，分子靠近，膜面积减小；反之面积增大），并指出当膜面积在一定数值内时其膜表面张力几乎不变，而当达到一定数值后，会发生突变，这个点代表此时水面上的分子正好处于平铺时的紧密状态，我们称之为"Pockels 点"。受到 Pockels 实验的启发，Lord Rayleigh 利用这一装置证实了其在 1890 年提出的单分子层的概念，以及更精确地计算出橄榄油单层分子层的厚度为 1nm，同时他对 Pockels 实验数据中的 Pockels 点以及 $\pi-A$ 曲线进行了合理的分析和解释。

在 Pockels 膜天平的研究基础上，美国通用电气公司的研究员 Irving Langmuir 研制出了更为精巧的 Langmuir 膜天平，并利用这一装置精确地测定出长链脂肪酸分子在水面铺展的分子尺寸、有序性和取向等问题。1917 年 Langmuir 发表了一篇名为《固体与液体的基本性质》的论文，在论文中他给出气-液界面膜（Langmuir 膜）的概念，测定比较了一系列化合物的分散面积和膜厚度，提出了气液界面分子吸附理论。该理论在 1932 年获得了单分子膜领域里的第一个诺贝尔奖，Langmuir 为单分子膜的研究开辟了新局面。Katharine Blodgett 是 Langmuir 的学生，她成功地将 Langmuir 膜转移到固体基底上，发明了 Langmuir-Blodgett 膜沉积技术，这一技术开创了在固体基底表面上对多分子层膜进行研究的先河。转移到固体基底上的 Langmuir 膜，我们称之为 LB 膜（Langmuir-Blodgett 膜）。LB 膜技术带来了单分子膜领域的第一个研究高潮。由于第二次世界大战的爆发，很多科学研究都受到了影响，单分子膜研究也有了短暂的停滞，但仍然有很多科学家对这一领域有着浓厚的兴趣。1966 年，George L. Gaines Jr. 出版图书《液气界面上的不溶单分子层》(*Insoluble Monolayers at the Liquid-Gas Interface*)，书里对单层分子膜、多层分子膜进行了详细的阐述。同时，德国科学家 H. Kuhn 也一直持续着对单分子膜的研究，他意识到，运用 LB 膜技术可以实现分子膜的组装。他认为，既然化学家可以通过化学反应将各种原子进行"排列"，为什么分子不可以随意进行"排列"呢？而 LB 膜技术就是实现这一设想的很好的工具。因此，Kuhn 开始了一系列的研究，他成功将具有光活性的染料分子引入 LB 膜中，并对其光学性质和能量转换形式进行了深入研究，实现了通过单分子层分子的组装而建造分子有序结构的设想。至此，Kuhn 将 LB 膜的研究推向了一个新阶段，也开启了 LB 膜研究的新热潮。Kuhn 对 LB 膜研究做出了巨大贡献，因此他成为现代 LB 膜研究的代表人物之一，也有人提议将 Langmuir-Blodgett 膜改称为 Langmuir-Blodgett-Kuhn(LBK)膜。

在这一阶段的研究中，研究者开始集中在分子水平上对单分子膜进行结构和物理化学性能的控制，随着分子器件、分子电子学等新兴学科领域的兴起，许多科学家尝试通过开发具有独特分子结构的单分子膜，使其展示出生物学、化学、电学、微电子学、光学等领域的多种潜在应用价值。20 世纪 90 年代后期随着纳米技术的发展应用，以及石墨烯等二维材料的开发应用，单分子膜的应用研究也焕发出了新的生机与活力，目前单分子膜的研究已经从实验室阶段走向工业应用阶段。

有序分子组装膜国际会议(International conference on organized molecular films, ICOMF)是单分子膜领域影响力最大的国际会议组织，第一届国际有序分子组装膜会议在 1982 年英国的杜伦大学举办。当时这一会议名字为 International conference on Langmuir-Blodgett films(LB 膜国际会议)，后期在第五届会议上为了拓宽会议内容，才更名为有序分子组装膜国际会议。这一国际会议轮流在亚洲、美洲和欧洲举行，将世界各地的科学家聚集在一起，进行为期一周的科学交流。该会议是国际有序膜方面最大和最高级别的国际学术会议，截至目前，已经成功举办17 届，第 18 届 ICOMF 将在德国法兰克福召开。

1.2 自组装单分子膜

LB 膜是在气液界面形成的一种有机分子膜，而在液-固、气-固界面制备单分子膜的方法主要是自组装技术，其形成的单分子膜我们称为自组装单分子膜(Self-Assembled Monolayers，SAMs)。分子自组装(self-assembly)技术主要是指分子间通过非共价键的相互作用(化学吸附或化学反应等)而自发组合/组装的行为。它是构建单分子膜和其他超分子体系的重要手段之一，也是制备具有某种特定功能材料(液晶、功能性表面等)的有效方法。分子自组装为研究表面和界面现象从分子水平提供了精确控制界面性质的理想方法。相对于 LB 膜的热力学不稳定缺陷，SAMs 是一种热力学稳定、分子排列紧密、高度取向、能量最低的单层有序分子膜。

LB 膜成膜分子与基底之间不存在化学键，因此 LB 膜的热稳定性比较差，然而，SAMs 的形成主要依靠有机功能分子的化学键作用或者静电作用自发地吸附在一些液-固、气-固界面。SAMs 在近三十年里得到了广泛研究和发展，但对其的研究其实早在 20 世纪 40 年代就开始了。1946 年，W. A. Zisman 等人发表了相关论文，成功将表面活性剂分子吸附在洁净的金属表面，形成了表面活性剂单分子膜，并对其表面润湿性及表面张力的变化规律进行了相关研究。这是关于自组装单分子膜制备的最早的文献记载。1957 年，Blackman 和 Dewar 报道了一种含硫有机物在金属表面的自组装行为，但当时人们对此现象还无法解释，不了解其背后的机理，还未认识到自组装膜的潜在应用价值，因此对这一领域的研究并不是很多。1980 年，Sagiv 报道了十八烷基三氯硅烷在硅片上形成 SAMs，紧接着 Nuzzo 和 Allara 在 1983 年在金(Au)表面成功制备出烷基硫醇自组装单分子膜，自此，SAMs 的吸附机理研究以及应用研究才逐渐引起科学界的广泛关注。随着科技的进步，多种精密测试仪器及测试技术的发展，科学家们可以更好地观察研究 SAMs 的结构、性能及工作机理，更多的相关研究被报道。SAMs 材料种类层出不穷，制备机理不断完善，目前，自组装单分子膜技术已经广泛应用于传感器件、腐蚀防护、光刻保护剂、生物分子识别等众多需要改变界面物理化学性质的领域。

1.3 二维材料膜

LB 膜和自组装膜主要是从单分子膜的制备方法上进行的分类，这两类膜几乎都是由有机分子制备出的单分子膜。单分子膜指的是具有单分子厚度的分子膜，也可以称为单分子层膜，从这个意义上来讲，除了 LB 膜和自组装膜外，还有一大类无机或金属原子形成的单分子层膜，这就是二维（2 dimension，2D）材料。

二维材料是一种具有片状形态的纳米材料，尺寸范围为数百纳米到数十微米乃至更大的横向尺寸，但厚度仅为单个或几个原子层。人们对二维材料的探索可以追溯到一百年前，但其发展一直非常缓慢。众多物理学家早就对二维材料判了"死刑"，在 1934 年 Peierls 和 Landua 首次从理论上提出，热涨落（thermal fluctuations）会破坏二维晶格的长程有序，使其在任何有限温度下都会熔化。在 1966 年 Mermin 和 Wagner 两位物理学家进一步证明了一维和二维条件下不存在磁性长程有序，并在之后将其拓展到了二维晶格。另一方面，受限于科研条件，之前有关二维薄膜材料的实验发现当薄膜厚度低于一定数目原子层时（一般为几十个原子层），薄膜就会变得热力学很不稳定进而分解，这些发现都证明了 Mermin 和 Wagner 的理论。因此，二维材料的发现才显得尤为瞩目，而打破这个"传说"的就是石墨烯的发现。

石墨烯是一种厚度仅为一个碳原子的二维材料，由处于 sp^2 杂化轨道的碳原子组成，呈六角蜂窝状晶格。科学家首次发现石墨烯要追溯到近一个世纪之前，V. Kohlschütter 和 P. Haenni 于 1918 年详细描述了氧化石墨纸（graphite oxide paper）的特性，1948 年，G. Ruess 和 F. Vogt 发表了用穿透式电子显微镜拍摄的最早的几层石墨烯（3 至 10 层石墨烯）图像。最初，科学家们尝试用化学剥离法（chemical exfoliation method）制造石墨烯。他们将大的原子或分子嵌入石墨中，得到石墨层间化合物。在石墨的三维结构中，每一层石墨都可以被视为单层石墨烯。经过化学反应去除嵌入的大原子或大分子后，就得到了一堆石墨烯泥。由于难以分析和控制这堆污泥的物理性质，科学家们没有继续这项研究。也有一些科学家采用化学气相沉积法，将石墨烯薄膜外延生长（epitaxial growth）在各种衬底

(substrate)上，但初始质量并不好。

直到 2004 年，来自英国曼彻斯特大学和俄罗斯切尔诺戈洛夫卡微电子技术研究所的两个物理学团队合作，首次分离出单个石墨烯平面。Novoselov 等人在 *Science* 杂志上发表文章，报道了通过机械剥离从高度取向的裂解石墨中获得石墨烯，并证明了石墨烯独特而优异的电学特性。此后，以石墨烯为代表的二维材料迅速发展，新型二维材料不断涌现。由于原子层厚度方向上的量子约束效应，这些二维材料表现出了与三维材料截然不同的特性，因此引起了科学界和工业界的广泛关注。

除了石墨烯，其他二维材料还包括单元素硅烯、锗烯、锡烯、硼烯和黑磷，过渡金属硫化合物，如 MoS_2、WSe_2、ReS_2、$PtSe_2$、$NbSe_2$ 等和主族金属硫化合物，如 GaS、InSe、SnS、SnS_2 等，以及其他二维材料，如二维金属有机框架材料（MOFs）膜、共价有机框架材料（COFs）膜、钙钛矿化合物等。而且，目前这个家族还在不断壮大。下面介绍几种常见二维材料的组成和结构。

1.3.1　各种二维材料膜结构特点

1.3.1.1　六方氮化硼（h-BN）

六方氮化硼又称为 h-BN、α-BN 或 g-BN（graphitic BN）。h-BN 较低的共价性质使它成为导电性比石墨差的半金属。块状 h-BN 与石墨一样，具有层状晶体结构。它由相等数量的硼和氮组成，呈六边形结构排列。在每一层中，硼原子和氮原子通过共价键结合在一起，每一层在范德华力的作用下堆叠成块状晶体。与石墨相比，h-BN 具有相同的晶格常数和间距。单个 h-BN 纳米片可视为一块石墨烯，通常被称为"白色石墨烯"。

1.3.1.2　石墨氮化碳（$g-C_3N_4$）

$g-C_3N_4$ 是另一个具有范德华层状结构的石墨类材料。$g-C_3N_4$ 的结构可以视作通过碳和氮原子的 sp^2 杂化形成氮替换的石墨框架。对于 $g-C_3N_4$ 来说有两种不同的结构模型：（1）由具有单个碳空位周期阵列的压缩均三嗪单元构成；（2）压缩的三均三嗪亚单元通过晶格中具有更大周期性空位的平面叔胺基团相连接。

1.3.1.3 过渡金属硫族化合物(TMDs)

过渡金属二硫化物(TMDs 或 TMDC)单层材料是 MX$_2$ 类型的原子层半导体材料薄膜，其中 M 是过渡金属原子，包括钼(Mo)、钨(W)等，X 是硫族原子，包括硫(S)、硒(Se)、碲(Te)。与石墨烯一样，TMDs 也具有层状结构，每层之间也通过范德华力相连。每个 TMDs 单层由三个原子层组成，其中过渡金属层位于两层硫族原子之间，形成三明治结构。TMDs 的一个独特性质就是能够形成不同的晶体多型。TMDs 材料的关键特征是二维结构中大原子间的相互作用，例如 WTe$_2$ 表现出反常的巨磁阻和超导性。

1.3.1.4 黑磷

黑磷是一种类似于石墨的波形层状结构晶体，易于被剥离成单层或少层的纳米薄片。黑磷烯是天然的 P 型直接带隙半导体，带隙可由层数在 ~0.3eV(块体)至 ~1.5eV(单层)范围调控，并且其具有明显的各向异性，具有较高的电子迁移率。块体的黑磷是一种层状的正交晶体结构，其空间群为 Cmca。相邻层间距为 5.4Å，层间同样通过范德华力连接。单独的一层黑磷由褶皱的蜂窝状结构组成，其中磷原子与其他三个原子相连。在四个磷原子之间，其中三个原子在同一平面内，第四个原子在相邻的平行层中。

1.3.1.5 Ⅲ-Ⅵ族层状半导体

Ⅲ-Ⅵ族层状半导体是一类层状金属硫族化合物，其通式为 MX。在第Ⅲ族和第Ⅵ族元素之间可形成的二十多种二元化合物中，已知只有四种具有层状结构。这些化合物(GaS、GaSe、GaTe 和 InSe)的层状结构由夹在双层非金属原子之间的双层金属原子组成。

GaSe 就是其中一种，其由垂直堆垛的 Se-Ga-Ga-Se 层通过范德华力连接。每一层具有 D3h 对称的六方结构。相邻层间距约为 0.84nm，沿轴的晶格常数约为 0.40nm。GaTe 也是一个重要的Ⅲ-Ⅵ族半导体层状化合物材料，直接带隙约1.7eV，在光电子器件、辐射探测器及太阳能电池领域极具应用研究价值。硒化铟是铟原子(In)和硒原子(Se)的二元化合物，厚度为四个原子，原子排列顺序为 Se-In-In-Se。这种材料的超薄纳米层具有定性区别于其他类石墨烯二维(2D)晶体的独特性能，InSe 电子的迁移率(即速度)很高，尤其是与二硫化钼和二硒化钼相比，这个参数值很高。这一重要特性使得其在提高设备性能方面显得尤为重要。

1.3.1.6 MXenes（二维过渡金属碳化物或碳氮化物）

MXenes 是一类选择性刻蚀原始 MAX 相得到的二维层状过渡碳化物或碳氮化物，这些原始 MAX 相具有通式 $M_{n+1}AX_n$（$n=1$，2，3），其中 M 为过渡金属，A 为 ⅢA 或 ⅣA 的另一种元素，X 为碳或氮。MAX 相具有层状的、P63/mmc 对称的六方结构，M 层几乎是六边形封闭聚集的，同时 X 原子填充在八面体的位置。A 元素与 M 元素金属键合在一起，并交叉在 $M_{n+1}X_n$ 层中。A 层可以使用 HF 这种较强的刻蚀溶液选择性刻蚀 MAX 相得到，这样形成的 MXenes 具有三种不同的结构，分别是 M_2X，M_3X_2 或 M_4X_3。

1.3.1.7 金属磷三硫族化合物

金属磷三硫族化合物具有化学通式 MPX_3，是一种层状材料，具有高度的化学多样性和广泛的应用范围。一般来说，MPX_3 中的 M 代表不同价态（M^{II}、M^I 或 M^{III}）的金属元素，包括过渡金属、一个碱金属（Mg）、部分第Ⅲ主族金属以及部分第Ⅳ族金属；而 X=Se 或 S。MPX_3 的块状晶体具有单斜晶体结构（空间群为 C2/m），其中过渡金属阳离子（M）被 $[P_2X_6]^{4-}$ 双金字塔的八面体笼包围，相邻金属具有类似二维石墨烯的蜂巢晶格排列。由于长程阴离子介导的磁交换相互作用，MPX_3 化合物在各自的奈尔温度（TN）以下表现出各种类型的反铁磁（AFM）有序，如之字形、奈尔和条纹图案。

1.3.1.8 层状双氢氧化物（LDHs）

层状双氢氧化物（LDHs）具有以下通式：$\left[M_{1-x}^{2+}M_x^{3+}(OH)_2\right]^{m+}\left[A^{n-}\right]_{m/n} \cdot yH_2O$，是一种具有正电荷层的层状材料，同时存在较弱的边界电荷平衡阴离子或溶剂化分子和层间的水分子。大多数情况下，当 $m=x$ 时，M^{2+} 和 M^{3+} 分别代表二价和三价金属离子。A^{n-} 为非框架电荷平衡阴离子或溶剂化分子，并位于水合夹层的间距内。有一种情况下，M^{2+} 代表 Li^+，同时 M^{3+} 代表 Al^{3+}，这时 $m=2x-1$。x 值是变化的，并且通常在 0.2~0.33 的区间内波动，y 值依赖于阴离子、水蒸气压力和温度。在 LDHs 的典型结构中，金属阳离子占据顶点八面体的中心，并包含氢氧根离子，它们互相连接组成二维层状结构。由于阳离子、层间阴离子的多样性，

以及 x 值的变化，因此 LDHs 是一大类同构材料。

1.3.1.9 金属氧化物

金属氧化物是通式为 MO_3 的一类层状材料。MoO_3、WO_3、Ga_2O_3 和 V_2O_5 等都是层状金属氧化物，它们可能以水合物或无水物相的层状晶体形式自然存在。这些氧化物可通过液相或气相技术剥离成基底表面有氧的纳米片，在空气和水中都很稳定。例如 MoO_3 具有层状结构，并且每一层都主要由正交晶体中扭曲的 MoO_6 八面体组成。这些八面体与相邻的八面体共边，并形成二维层状结构。块状晶体通过范德华力沿 y 轴堆垛不同层构筑起来。

许多其他氧化物，如一些亚价状态的钛和锌氧化物并不具有天然的层状晶相。它们通常是从更稳定的层状化合物中剥离出来得到，或者通过逐层技术沉积而成。需要注意的是，在合成过程中，这些材料的块体结构可能会坍缩成特定的二维排列，例如二维氧化锌可以从纤锌矿结构转变为平面构型。由于其结构和电子构型发生了根本性的改变，二维结构金属氧化物的光学、衍射和振动特性与它们的块体有很大不同。

层状钙钛矿过氧化物是二维金属氧化物的另一个大家族。它们的通式为 ABO_3，其中 A 位离子位于立方晶胞的四角，过渡金属元素 B 位于立方晶胞的中心。它们可以通过逐层沉积技术直接合成为二维形式，并可能有后续的稳定步骤。三种主要的层状钙钛矿是 Aurivillius（AU）、Dion-Jacobson（DJ）和 Ruddlesden-Popper（RP）相。AU 相化合物的通式为 $[Bi_2O_2]-[A_{n-1}B_nO_{3n+1}]$，DJ 相的通式为 $MA_{n-1}B_nO_{3n+1}$，层状 RP 相化合物包括 $SrLaTi_2TaO_{10}$ 和 $Ca_2Ta_2TiO_{10}$。如果钙钛矿晶体结构是分层的，它们也可以直接从自然分层相中剥离出来。

1.3.1.10 过渡金属卤氧化物

过渡金属卤氧化物是一类由无机组分构成的材料，其通式为 MOX，其中 O 为氧，X 为卤素，M 为 Fe、Cr、V 或 Ti。MOX 具有层状的晶体结构，每一层都是由波状的金属-氧层以三明治状夹在两层卤素层间构成。

1.3.1.11 过渡金属卤化物

过渡金属卤化物是一类由无机组分构成的材料，其通式为 MX_n，M 为金属元素，X 代表卤族元素。

1.3.1.12 钙钛矿和铌酸盐

无机钙钛矿的化学通式为 AMX_3，其中 A 和 M 都为阳离子，X 代表阴离子。M 与 X 为八面体状连接，并形成 MX_6 的八面体结构单元，M 位于八面体的中心，X 占据环绕 M 的顶点。这些 MX_6 八面体互相以共角形式连接，因此导致了延长的三维网络。A 是金属或有机阳离子，它填充在八面体网络的空隙中，用以平衡化合物中的电荷。除了无机钙钛矿外，有机-无机钙钛矿由于在太阳能电池和光电器件领域的应用前景近年来吸引了广泛的关注。有机-无机钙钛矿通过分子间交替的堆垛构筑而成。与无机钙钛矿不同，有机-无机钙钛矿中的 A 阳离子被有机阳离子替代，用以补偿整个物质中的电荷。由于空间的限制，只有短链的有机阳离子可以结合在钙钛矿网络中。有机-无机钙钛矿的通式为 $MAMX_3$（$MA = CH_3NH_3$；$M = Pb$，Sn；$X = Cl^-$，Br^-，I^-）。其中，$[MX_6]^{4-}$ 可以根据有机铵离子在 A 位点的情况形成链、层或三维网络结构。

1.3.2 二维材料膜应用及挑战

这些二维材料具有完全不同的能带结构和电学特性，涵盖了从超导体、金属、半金属、半导体到绝缘体等各种材料类型。它们还具有出色的光学、机械、热学和磁学特性。通过堆叠不同种类的二维材料，可以构建功能更强的材料系统。因此，这些材料有望应用于高性能电子器件、光电器件、自旋电子器件以及能量转换和存储。

现阶段，二维材料的研究主要集中在制备、表征、修饰与改性、理论计算、应用探索等几个方面，并且都取得了很大的进展。例如，在制备方面，机械剥离法已广泛应用于制备二维材料样品，用于实验室物理性质研究和器件制造；化学气相沉积法可制备大面积、高质量、层数可控的石墨烯以及一些过渡金属硫化物，为商业应用奠定了基础。在二维材料的表征方面，研究人员已经开发了一系列表征工具，如互补光谱和电子传输等。改性修饰也是二维材料发展中非常重要的一个方面，通过掺杂、化学修饰、静电调制、合金化等手段，可以最大限度地规避材料本身的不足，发挥其优势。理论计算对二维材料的发展起着至关重要的作用，通过理论计算可以发现更多新型二维材料，预测其性能，解释观察到的现象，指导实验设计。在应用方面，基于石墨烯的高频晶体管、基于 MoS_2 的短沟道场效应晶体管和隧道晶体管的构建，以及其他高效发光和光电探测器件的实现，都证明了二维材料的巨大潜力。

与此同时，二维材料的研究也面临着诸多挑战。首先，材料制备水平远未达到光电器件应用的标准。虽然大多数二维层状材料可以通过机械剥离法获得，但这种方法效率较低，样品横向尺寸小，厚度不易控制。石墨烯和一些过渡金属硫族化合物可以通过液相剥离或化学气相沉积等其他方法制备，但样品的层数、边缘形貌、缺陷密度和相参浓度等参数较难控制。这些方法需要进一步优化，以制备新型二维材料。其次，二维材料的精确组装是实现其用途的关键，这也涉及制备工艺技术。二维材料的范德华异质结可以通过堆叠方法构建，实现单体不具备的功能。然而，通用的转移方法无法控制层与层之间的相互作用和晶格取向，而且不可避免地会引入杂质，给研究带来不确定性。因此，开发新的组装方法也是二维材料获得应用的一个挑战。最后，在二维材料的应用方面，虽然已经报道了许多具有优异性能的新型器件结构，但如何将其与当代硅基微纳米光电子技术相结合是一个亟待解决的现实问题。开发新的器件结构，优化现有器件的性能，充分发挥二维材料的独特优势，也是这一领域面临的挑战之一。

虽然二维材料不可能取代硅材料，但可以对现有技术的功能进行补充。微电子器件将继续沿着速度更快、体积更小、价格更低、功能更强的方向发展；在后摩尔时代，芯片汇集了计算、存储、通信和信息处理等多种功能，速度更快、功耗更低，推动信息技术发生革命性变化。石墨烯、过渡金属硫族化合物等新型二维材料具有独特的光、电、磁特性以及新的量子物理现象，在信息、微纳光电子等领域具有潜在的应用前景，将其融入硅基半导体技术可推动芯片技术的发展。随着二维材料家族的不断扩大，越来越多的新型二维材料被发现并表现出独特的性能，为更广泛的研究和应用提供了基础，有望引领基于材料创新的产业变革。

2 单分子膜制备及结构、性能分析

2.1 LB膜制备及结构、性能分析

2.1.1 Langmuir膜天平

膜天平(film balance)，是研究在液体表面铺展膜的面积与表面压关系的仪器装置。最早由朗缪尔提出，故又称朗缪尔天平(Langmuir film balance)。

随着电子技术的发展，膜天平装置中加入了自动化控制技术，使得膜天平的精度和自动化程度不断提高，它通过精密的机械装置与电子系统的结合来精确控制薄膜厚度和表面压力等重要参数。现已发展成为由计算机控制、采样与计算集一体的智能化仪器，可以进行π-A曲线测定、LB膜沉积，还可以进行单分子膜动态弹性等新功能的工作。

瑞典百欧林科技有限公司生产的KSV NIMA Langmuir及Langmuir-Blodgett膜分析仪(以下简称KSV NIMA LB膜分析仪)是在Langmuir薄膜的制备、表征(包括显微镜)和LB膜的沉积领域方面应用最广泛的一款仪器。图2-1为KSV NIMA L&LB膜单槽分析仪。其主要组成部分有滑障(barrier)、Langmuir槽体、表面压力传感器、步进电机、威廉米(Wilhelmy)吊片等。

Langmuir槽体以及滑障一般是由疏水材料聚四氟乙烯制成，这是由于LB膜实验主要是在空气-水界面上进行操作，为了方便水面清洁以及在水面进行操作，要求水槽材料疏水，这样的槽体不易污染，且使得水能够凸出槽边缘，可提高亚相水溶液容量，同时在滑行过程中不会有水及表面的化合物残留在滑障上。

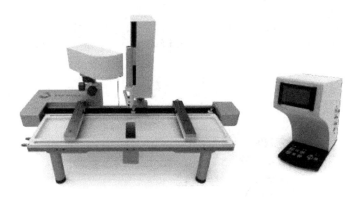

图 2-1　KSV NIMA L & LB 膜单槽分析仪

Langmuir 槽体大小一般为 20mm×300mm，深度一般为 5mm 左右，目前也有适合大面积单分子层膜制备的大槽体，同时还可根据需要进行定制。槽体表面四周有排水用浅槽，同时槽体表面光滑而平整，主要是为了滑障在运动过程中平稳且前后运动无间隙。槽中间或一端会有一个可以进行基片沉积的深槽——沉井，沉井是为 LB 膜沉积准备的，有利于单分子层沉积的均一性。对于 Langmuir-Schaefer 沉积而言，这一沉井不是必需的，在某些情况下可以用深度一致的 Langmuir 槽体代替。

Wilhelmy 吊片也是 LB 膜天平的重要组成部分，主要用于测定表面压力。将一部分 Wilhelmy 吊片插入亚相中，由于表面张力会对吊片产生作用力，吊片上连接的表面压力传感器可将信号放大，经 A/D 转换后输入计算机，从而可检测表面张力的变化，同时表面压力传感器的数据可提供单层膜堆积密度等相关信息。根据 Wilhelmy 吊片的尺寸，可以将力转换为表面张力（mN/m），如图 2-2 所示。

吊片受到向下的力为：

$$F=\rho_p g_p l_p w_p t_p+2\gamma(t_p w_p)(\cos\theta)-\rho_1 g_1 t_1 w_1 h_1$$

式中，l_p、w_p、t_p、ρ_p 分别为吊片（plate）的长、宽、厚、密度，h_1 为插入液体的深度，ρ_1 为液体密度，θ 为液体与固体吊片间的接触角，γ 为表面张力。

通过测量成膜前后施加在静止吊片上力的变化来测量表面压，如果吊片完全被浸润（$\cos\theta=1$）此时表面压由下式得到：

$$\pi=-\Delta\gamma=-\left[\frac{\Delta F}{2(t_p+w_p)}\right]=-\Delta F/2w_p（如果\ w_p\gg t_p）$$

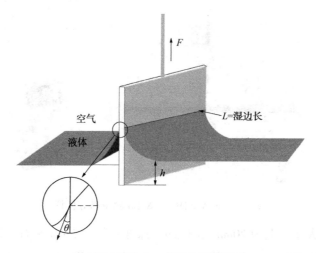

图 2-2　Wilhelmy 吊片法原理示意

　　表面压(π)与两亲分子所占据的水面积(A)间的函数关系的测量是在等温条件下进行的，故称之为表面压-面积等温线或简称为等温线。通常等温线是在恒定速度压膜的情况下连续检测膜压得到的。

　　LB 膜天平的种类已经呈现多样化发展，以满足更多样化的研究和实践需求。为了满足使用较少样品和亚相物质的需要，如一些生物实验和一些昂贵分子的膜制备，已经开始使用 LB 膜天平，带有显微镜的微型 LB 膜天平更具优势，同时这种微型显微镜也更加低廉和便携；为了满足在基底下降和上升时都能沉积化合物的需要，目前已经有双槽 LB 膜天平的设计出现，避免了单分子膜下降后需要吸出再重新铺下来沉积的烦琐步骤；为了满足化合物既能在下降基底上沉积，也能在上升基底上沉积的要求，双槽 LB 天平的设计避免了下降沉积后需要吸走单分子膜重新铺膜的烦琐步骤；有些制备过程需要在一定的温度下进行，集成了温控通道的 LB 膜天平可以很好地满足这一要求。总之，随着科学技术的不断发展，为了满足不同客户对单层膜面积、LB 槽大小、材质、尺寸的定制要求，越来越多更加专业化、个性化的 LB 膜天平被设计制备出来。

2.1.2　LB 膜制备

2.1.2.1　成膜材料

　　能够利用 LB 膜技术进行成膜的材料一般要求具备两亲性，这样成膜分子可以在气-液界面上进行铺展而不会被溶解，亲水基团插入水中，而疏水基团则深入空气中，从而分子进行有序排列形成单层分子膜。一般来说，我们可以设计在分子骨架中加入亲水端，如硫醇、吡啶、羟基、羧基、氨基、烷氧链、季铵盐等可溶于水或者能与水作用形成氢键的基团；同时，分子骨架中也应同时含有疏水端，如脂肪链(一般要求碳数大于12，16~22为宜)。早期的成膜材料主要集中在长链脂肪酸及其盐类等有机小分子，所研究的化学反应局限在很少的几类反应中，如水解反应、氧化和聚合反应。有机小分子较易获得，制备成本相对较低，但这些有机小分子制备的LB膜机械强度和热稳定性较差，在实用过程中困难较多。于是科学家们逐渐把研究方向转向了具有较强分子间作用力的有机高分子聚合物的聚合反应上。

经典的有机高分子成膜材料仍然是一头带有亲水端，另一头为疏水端的两亲性有机聚合物单体。LB膜这一可以制备高度有序纳米薄膜的成膜工艺，使得聚合物单体可以在界面有序排列后进行聚合反应，从而增强膜的稳定性及机械性能。一般来说，成膜单体中的聚合基团不能太大，因此双键、三键及环氧基团都是较合适的聚合基团。常见的两亲性有机聚合物单体主要有三类：①长链含烯类脂肪酸；②长链含炔类脂肪酸；③长链含环氧基团脂肪酸。这几类聚合物单体是LB膜聚合中非常重要的聚合单体，可以较容易地进行常规聚合反应。

虽然已经有大量的烯类、二烯类、炔类及环氧类单体的LB聚合物膜被报道过，但是总的来说，数量还是极其有限的。主要原因是，一方面LB成膜技术要求成膜单体必须具有两亲性，另一方面，两亲性单体在气-液界面的成膜性也有很大差异，并非所有两亲性单体均可以很好地成膜聚合。成膜单体的极性、大小、形状等都可以影响其成膜性能。具体来说，影响界面单分子成膜性能的因素还包括：

(1) 成膜单体之间的相互作用力大小。分子间的相互作用力(主要是范德华力及氢键)过大，单体将很难在界面铺展；分子间相互作用力太弱则不足以将单体维系在一起形成紧密排列的有序分子膜。这就要求分子链的长度不能太长(相互作用力太强或者加压时容易发生弯曲)，也不能太短(分子间作用力太小)。因此，从以往实验经验来看，分子链长度要大于12个碳原子，16~22个碳原子数较好。

(2) 成膜单体的挥发性。挥发性很强的单体可能还未进行膜聚合或膜转移就已经挥发掉了。

（3）成膜单体中官能团在分子链中的位置。单体中亲水、疏水基团亲疏水能力有时也对成膜单体成膜能力有很大影响。例如，磺酸基、砜基等亲水性极强，无论碳链有多长，亲水性都比疏水性强，基本上全部可以溶于水，不适用于沉积 LB 膜。

可见，真正可以用于 LB 成膜，且有较好成膜效果的成膜材料并不是很多。除了挖掘更多新的两亲性成膜材料外，扩大成膜分子范围，突破两亲性的苛刻要求，使得非两亲性分子也能进行 LB 成膜才是根本方法。随着 LB 膜研究的发展，目前成膜材料已不限于两亲性分子，现代化学工程使得可以合成几乎任何类型的功能分子用于制备 LB 膜。这主要归功于多种成膜方法的发现，如前驱体法、表面离子法等，我们将在下面的章节中进行介绍。

2.1.2.2　单分子膜的铺展

Langmuir 槽中需加入一定液体作为成膜分子可以进行铺展的界面，这种液体我们称为"亚相"（subphase）。亚相多为二次去离子水或高纯水，纯净水具有超高的表面张力。在极少数情况下也可使用甘油或汞作为亚相。有些成膜分子在纯净水上形成的单分子膜不稳定，很难成膜。基于这种情况我们可以尝试在亚相中加入微量的金属离子，金属离子的参与可改变成膜分子间的组装形式，影响其成膜能力。亚相的 pH 值、亚相中盐离子及有机物，都有可能会对膜的性质产生影响。这样的例子比较多，譬如，在水-空气界面很难成膜的 N-（a-甲基丁基）硬脂酸胺在强酸水溶液-空气界面可以形成稳定的单分子膜；再如，有 17 个碳原子的双炔酸在水面无法成膜，但在水亚相中加入一定量的氯化镉后，可以在界面形成稳定的单分子膜。

亚相中的不溶物质及空气中的灰尘，都会影响单分子膜的质量。因此在进行单分子膜铺展前，我们需要对 Langmuir 槽进行清洁，加入亚相后，需要对亚相表面进行清洁。保持清洁的方法主要有两种：一种是用吸管或带有吸头的抽水泵将表面杂质吸走；另外一种方法是利用滑障沿液面从槽一边刮到另一边，将表面杂质刮走。通过表面张力测试确认表面纯净后可进行单分子膜铺展。

成膜分子在进行铺展前，需要溶解在溶剂中，一方面对成膜分子进行稀释，另一方面辅助成膜分子铺展。铺展溶剂的选择一般需要满足以下几个条件：

（1）对成膜分子溶解性好，同时不会与成膜分子和亚相发生化学反应；

（2）密度适中，不会因密度过大而沉入亚相中；

（3）溶剂蒸发速度适中，挥发太快不利于成膜分子浓度的调控，挥发太慢会使膜层中残留有溶剂分子；

（4）溶剂纯度高，不会将杂质分子引入体系中。如二氯甲烷、氯仿、甲苯等都是常用的溶剂选择。如果成膜分子在常用溶剂中的溶解性较差，可以考虑使用多种溶剂组成的混合溶剂，如常用的混合溶剂体系有氯仿/丙酮、氯仿/甲醇、二氯甲烷/甲醇等。

成膜分子以一定浓度溶解在溶剂中，浓度通常较低。浓度过高会导致水表面的初始分子密度过高，无法分散成单层，无法获得真正的单分子膜；而如果浓度过低，制备膜所需的时间会延长，甚至可能因为槽的数量有限而无法将膜提升到膜的适当区域。浓度一般控制在 $1\times10^{-4}\sim1\times10^{-3}\,\mathrm{mol/L}$ 的范围内比较合适。根据溶液浓度和槽的面积，可以估算出一次扩散所需的溶剂滴量。

2.1.2.3　LB 膜的制备

在气-液界面上制备单分子膜主要有以下几个步骤：①将成膜分子溶解在溶剂中，配制成一定浓度的溶液，用微量移液管将一定量的溶液吸取后缓慢多次均匀地滴加到亚相表面，等待溶剂挥发（一般为 30min），此时成膜分子杂乱地漂浮在界面上；②滑障以一定的速度缓慢地推动成膜分子聚集，成膜分子逐渐取向排列。在极限情况下，成膜分子可以完全规则地排列在水面，形成只有一个分子层的膜，此时的单分子膜我们称为 Langmuir 膜；③将界面形成的单分子膜转移到固体表面（基底），沉积在基底上的单分子膜我们称为 LB 膜。单分子膜转移方法主要有三种：垂直提拉法、水平附着法及亚相降低法。垂直提拉法是 Langmuir 和 Blodgett 发明的，该方法的特点是沉积基底一直与液面呈垂直状态。单层分子膜在滑障的推动下，保持在一定的表面压力下，固体基底缓慢地深入或提拉出水面，从而使单分子膜被连续地沉积到基底上，如图 2-3 所示。但是垂直提拉法存在插入亚相时膜很容易脱落以及耗时较长的问题，因此常常使用该方法制备单层的 LB 膜用于形貌的测试。当使用垂直提拉法制备膜时，拉膜速度一般控制在 2～

5mm/min，可以得到均匀的具有较好层状有序结构特征的膜。拉膜速度过快会使单分子膜过快地发生相变而影响膜的质量，拉膜速度太慢可能会导致薄膜制备周期过长。LB法沉积的薄膜并非完全无缺陷，可能会出现应力和变形问题。因此，为了避免这些问题，可以使用LB法的一些改进技术，如水平附着法。水平附着法是由Langmuir和Schaefer共同发明的，因此用水平附着法制备得到的膜也称为Langmuir-Schaefer(LS)膜，该方法的特点是固体基底与界面呈水平状态。固体基底与单分子膜呈水平状态，缓慢下降到已经达到一定表面压力的单分子膜表面，随后缓慢将基片提起，单分子膜就附着在基底表面了，用微弱的氮气或空气将基片表面慢慢吹干，再进行下一次操作，便可以得到多层的膜结构，如图2-4所示。LS法用于改善LB薄膜的沉积问题，以获得高质量的薄膜。这种方法消除了LB技术垂直沉积过程中出现的问题。如果亚相中存在杂质，那么在水气基底上的化合物聚集就会非常复杂，因此为了克服这个问题，LS法在水气界面上分离出一部分LB单层。亚相降低法与水平附着法类似，只是相较于水平附着法中固体基底是从水面上缓慢下降到界面上，亚相降低法则是基底首先沉在亚相底部，当成膜分子被压缩到具有一定表面压力后，缓慢地将亚相抽掉，使得单分子层界面下降最终沉积到基底表面，如图2-3所示。

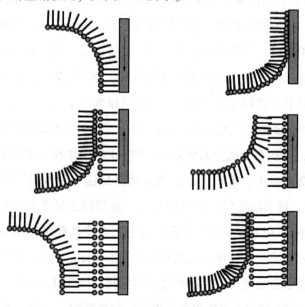

图2-3　垂直提拉法亚相降低法制备LB膜

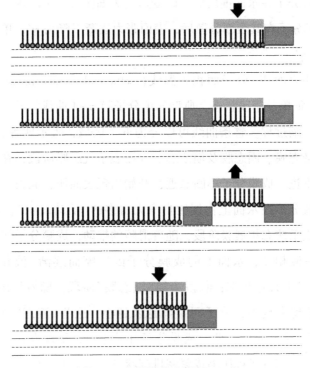

图 2-4　水平附着法制备 LB 膜

基底(substrate)的物理化学性质也会影响沉积到其表面的膜的质量，通常在沉积前会将基底进行清洁。常用基片有非金属类的石英玻璃、硅、云母、氧化铟锡导电玻璃及特殊需求的金属，如铂和金等。不同的基底进行清洁的方式略有不同，主要区别在于浸泡溶剂及处理步骤的差异。常用的处理方法包括化学法、超声波法、蒸汽去油法等。石英玻璃可以用来沉积一般的 LB 膜，其清洁方式也比较简单，可以在碱性水溶液中进行，85℃超声清洁后，用纯净水冲洗干净，放在纯净水中保存；或者可以先将基底在氯仿或二氯甲烷中煮沸 2~3min，然后用丙酮和去离子水依次冲洗，接着在 1mol/L 氢氧化钠溶液中超声 5min，再用丙酮、去离子水依次洗涤并干燥。硅片也是一种常见的基底，其清洁较为复杂。硅单晶片的清洁主要采用具有较强腐蚀性和氧化性的化学溶剂，如硫酸、过氧化氢、氢氟酸、氨水等溶剂，硅片表面的杂质粒子与溶剂发生化学反应生成可溶性物质、气体或直接脱落。为了提高杂质的清除效果，可以利用超声、加热、真空等技术手段，最后利用超纯水清洗硅片表面，获取满足洁净度要求的硅片。

两亲性成膜分子在水面铺展后会改变水的表面张力，纯净水具有较大的表面张力 γ，有成膜分子在其表面分散后，表面张力逐渐下降为 γ'，单分子膜的表面压为 π，$\pi = \gamma - \gamma'$。

我们通常用表面压-分子面积等温线(isothermal surface pressure-area curve，π-A 曲线)来表征单分子膜状态。典型的单分子膜 π-A 曲线如图 2-5 所示，直观地展示了整个压缩过程。整条曲线可以分为五个区域，表示四种状态：气态膜、液态扩展膜、液态膜、固态膜及崩溃态。Ⓐ段表示气态膜阶段，在这一阶段，随着滑障的不断推进，成膜分子不断靠近，开始出现表面压，成膜分子间的作用力较弱，每个成膜分子在水面上占据比自身大得多的"活动面积"，流动性大且杂乱无章；Ⓑ段表示液态扩展膜阶段，随着滑障的推动，成膜分子间相互作用力增加，产生了气-液相变，水面上的成膜分子因压缩而逐渐"液化"，在这一阶段"气态""液态"呈共存状态；Ⓒ段为纯"液态膜"阶段，随着压缩，转变为"液态"的成膜分子越来越多，分子间距离越来越小，这些"液态"分子逐渐"站起来"，疏水端开始离开水面，此时成膜分子开始定向，呈现直立状态；在Ⓓ阶段为固态膜阶段，成膜分子被压缩成紧密排列状态，分子的自由度极小，表面压以更快的速率上升，表示已经发生相变，即逐渐成为固态膜；Ⓔ阶段为崩溃区，在这一阶段，继续压缩分子膜，成膜分子变得很不稳定，分子间开始相互挤压、褶皱和重叠。进行单分子膜沉积需要选择 D 阶段，O—P 是沉积 LB 膜最适宜的表面压范围。D 阶段的开始点 O 对应的分子紧密排列面积 A0 是单分子膜中一个重要参数。

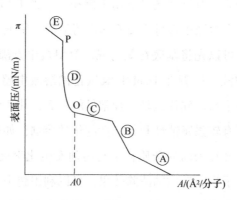

图 2-5　典型的单分子膜的 π-A 曲线

成膜分子在基底上的排列主要有三种方式：X 型、Y 型和 Z 型，如图 2-6 所示。X 型排列方式的特点是只在疏水基片向下运动时才沉积分子膜，最终使得每一层膜的疏水端与另一层分子的亲水端相邻；Y 型沉积是最常见的一种 LB 膜沉积方式，所使用的基底为亲水性基底，Y 型排列方式的沉积特点是先把基片放入水相，提拉进行沉积，然后基片下降时继续进行连续沉积，使得成膜分子呈现出每层的亲水端与相邻层的亲水端相接，疏水端与疏水端相接；Z 型排列方式与 X 型的沉积方式相反，需要用亲水基底只在下降过程中进行沉积，X 型和 Z 型排列方式运用不如 Y 型常见。

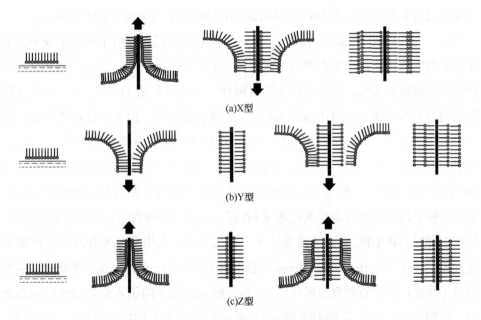

(a)X型

(b)Y型

(c)Z型

图 2-6   成膜分子在基底上的主要排列方式

2.1.3   LB 膜研究方法

越来越深入的功能材料的发展推动着器件的构建逐渐向微型化、集成化、多功能化和高可靠性方向发展。LB 膜作为实现分子组装和纳米级润滑的有效方法之一，受到越来越多的关注。由于物理、化学、生物和电子学等领域专家的共同努力，LB 膜技术得到了发展和完善，无论是研究方法还是研究内容都不断取得进步。科研人员为了了解单分子膜和 LB 膜的组成和结构，开拓单分子膜和 LB

膜更广泛的应用范围，首先需要对 LB 膜的力学性能、光学性能、电学性能以及机械性能、流变性质、渗透性能、化学和其他功能特性进行深入了解。

100 多年来，人们积累了大量的实验数据。特别是近 20 年来，物理学、化学、电子学和分子动力学等领域的许多现代实验分析技术已被应用于 LB 膜的研究中。这些分析技术包括：反射吸收光谱（RA）、表面衰减全反射谱（ATR）、椭圆偏振测量（Ellipsometry）、电子自旋共振（ESR）、红外二极性（IR Dichroism）、表面膜电位、极性共振拉曼谱、偏振调制红外反射吸收光谱、荧光显微镜和各种衍射技术[小角 X 射线衍射、中子衍射、电子衍射、X 射线光电子能谱（XPS）、同步加速 X 射线衍射、扫描隧道显微镜（STM）和原子力显微镜（AFM）等]。

在研究 LB 膜的光谱特性时，一个非常常见的问题是：由于单分子膜中含有非常少的成膜物质而造成在光谱测试中产生的信号非常微弱，因此必须在信号被检测到之前将其放大。解决办法主要有两种，一种是利用 LB 膜技术将单分子膜沉积到合适的基底上，形成多层 LB 膜，从而放大信号。但是，这种方法有一个不可避免的缺点，那就是虽然沉积膜和单分子膜在分子构型和取向上是一致的，但它们的分子构象并不一定保持一致。于是，人们想到了直接测量单分子膜。在 LB 膜上下各放置一面相互平行的镜子，调整镜子之间的距离和入射角度，使入射光经镜子的全反射并多次重复通过 LB 膜，增加光的吸收量，从而检测出信号。早在 20 世纪 60 年代，Tweet 就设计了一种光谱仪，利用可见光和红外光波研究这种膜。1936 年，Holley 和 Bernstein 首次对 LB 膜进行了 X 射线衍射研究。他们使用了含有长链脂肪酸重金属盐的 LB 膜，因为重原子的引入会增加膜的衍射能力。使用小角度 X 射线衍射来研究 LB 膜的组装结构大约始于 20 世纪 70 年代。在 20 世纪 80 年代末，人们可以使用同步辐射 X 射线和中子束来研究 LB 膜的微观结构和组装结构。随着技术的进步，目前对 LB 膜的表征方法日益多样化且更加精确。

紫外-可见光谱法可以评判 LB 膜的均匀性和重复性以及 LB 膜中成膜分子的取向。通过紫外-可见光谱可以观察到 LB 膜上的生色团，从而可以对像长链双炔酸那样聚合后会产生共轭双键的物质的聚合反应过程进行监控。LB 膜的紫外吸收峰强度与其沉积层数呈线性关系，利用这一点可以评判 LB 膜的均匀性和重复性。

红外光谱(IR)法也是研究 LB 膜结构的重要方法之一。红外光谱法可以得到 LB 膜的官能团、烷基链的构形以及单分子膜的有序性等信息，从而我们可以推测出 LB 膜中分子的化学反应、聚合反应等，同时我们也可以对混合分子 LB 膜中的组分进行判定。一般来说，透射红外光谱可以对沉积 30 层及以上的 LB 膜进行测定，层数较少的 LB 膜很难获得透射红外信息(信号太弱无法识别)。在做透射红外时需要将 LB 膜沉积在不怕水的硒化锌、氟化钙等透光基底上。测定层数较少的 LB 膜时(如 10 层以下)，需要借助掠角反射-吸收红外光谱法(FTIR-GRA)和衰减全反射光谱法(Attenuated total reflection，ATR)。做基底为表面镀有一层银或铝的玻璃基片，需要先将 LB 膜沉积在该基片上，然后进行测定。测定 ATR 所用基片为折射率较高的锗、锌、硒晶体，当入射光大于临界角的角度入射时，因为基片比 LB 膜的折射率大，会发生全反射，光线多次经过 LB 膜，信号得到累积，增加了灵敏度，从而可以测定层数较少的 LB 膜。

椭圆偏光仪(Ellipsometry)是一种用于探测薄膜厚度、光学常数以及材料微结构的光学测量设备，测试精度可达 0.2nm。椭圆偏振法测量的是电磁光波斜射入表面或两种介质的界面时偏振态的变化。折射率和消光系数是表征材料光学特性的物理量，折射率是真空中的光速与材料中光的传播速度的比值($N=C/V$)；消光系数表征材料对光的吸收，对于透明的介电材料如二氧化硅，光完全不吸收，消光系数为 0。N 和 K 都是波长的函数，但与入射角度无关。椭偏法通过测量偏振态的变化，结合一系列的方程和材料薄膜模型，可以计算出薄膜的厚度 T、折射率 N 和吸收率(消光系数)K。

除了椭圆偏振法可以测量膜厚度，Nomarski 显微镜法(Nomarski microscopy)，原子力显微镜(Atomic Force Microscope，AFM)等方法也可以对膜厚度进行测定。

在 1986 年，由 G. Bining 开发成功的 AFM 是研究不溶膜形貌的最有力的工具，可达到原子水平分辨率。与扫描隧道电镜不同的是，AFM 用于对非导电样品进行成像，AFM 使用带有细尖端的微尺度悬臂来扫描样品的表面，并利用悬臂的偏转来获取有关表面特性的信息形成样片表面形态图像。经过科学家们十多年来的不断改进和发展，AFM 又开发出了多种变形，如静电力显微镜、黏弹性显微镜、摩擦力显微镜、表面电位显微镜、热探测显微镜、磁力显微镜及近场光学显微镜等。众所周知，任何两个物体间都有相互作用力的存在，探针与试样表面当然也不例外，而这正是原子力显微镜研究的基础。当探针与试样表面的距离小于某临界值时，作用力表现为斥力；反之，则表现为引力。观测既可在斥力区，也可在引力区进行。引力区的观测使面内分辨率降低，但可以减少探针对试样表面的损害。而对表面结构比较稳定的试样，斥力区的观测可以提高其面内分辨率。同时，在利用原子力显微镜观测时，可根据需要，分别采用力一定方式、高度一定方式或共振方式来获取试样表面的形态图。戈守仁对其在高分子表面研究中的作用作了详细的论述。一个主要的局限性是，AFM 针尖能够充当"分子扫帚"，推开或损坏非刚性或不固定的膜和膜组件。为了克服这一限制，可以使用其他 AFM 测试方法，如敲击模式（图 2-7），或将生物膜样品进行固定，例如吸附或抽吸到刚性支架上。

图 2-7　AFM 敲击模式成像示意

　　Ishiguro Ryo 等人利用 AFM 对脂类金属螯合物 LB 膜的表面力进行了研究。Hernandez-Borrell 等将两种具有生物学意义的杂酸性磷脂 1-棕榈酰-2-油酰基-SN-甘油-3-磷酰乙醇胺（POPE）和 1-棕榈酰-2-油酰基-SN-甘油-3-磷酰胆碱（POPC）的单层 LB 薄膜转移到云母上，用 AFM 进行了膜表面状态的研究，根据表面状态（如膜厚度）的变化，观察到了两种生物膜的相变，如图 2-8（a）所示。Doron Amihood 等人对金胶体单分子膜的结构的 AFM 特征进行了探讨，图 2-8（b）为氨基硅烷化玻璃上单层金胶体的 AFM 显微图片，其为典型的 AFM 呈现的表面状态图像。为了观察磷脂酰乙醇胺（DEPE）双层膜的分子排列情况，孙润广等用 AFM 研究了云母基底上 DEPE LB 膜的极性基团的分子排列情况。二维傅里叶变换表明，DEPE 分子的二维晶格排列为六方结构。截面分析得到 DEPE 分子排列的晶格间距约为 0.55nm。随着 LB 膜的加厚，晶格间距由 0.55nm 增大到0.7nm，表明 DEPE 分子的晶格排列由六方结构转变成为四方结构。此外，用

AFM 还可在亚微米尺度内对转移到固体表面上的 LB 膜晶畴形成的动力学过程做深入探索，以研究 LB 膜中分子的二维结晶过程的形成条件和机理。

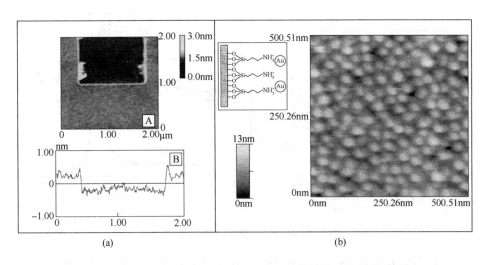

图 2-8 （a）在 30mN/m 条件下转移的 POPE 单层的原子力显微镜形貌图（A），

高度剖面分析图（B）；（b）氨基硅烷化玻璃上单层金胶体的 AFM 显微图片，

插图（左上）为玻璃氨基硅烷化后沉积金的结构示意图

X 射线光电子能谱（XPS）是表面化学分析中常用的一种无损检测技术，也是 LB 膜研究中重要检测手段之一。XPS 的原理是用 X 射线去辐射样品，使原子或分子的内层电子或价电子受激发射出来。被光子激发出来的电子称为光电子。通过测量光电子的能量，以光电子的动能/束缚能为横坐标，相对强度（脉冲/s）为纵坐标可做出光电子能谱图，从而获得试样有关信息。例如，利用两亲性稠环芳烃（HPAHBC）进行 LB 成膜后，对其进行高温处理制备非晶碳膜的过程中，稠环芳烃上的两亲性官能团是否在加热后仍然存在，所得膜是纯碳膜还是含有一定 N 原子的膜，可以通过对膜进行 XPS 测试得出结论。XPS 测量进一步证实了吡啶基团的分解。HPAHBC 单体的 N1s 结合能可以拟合到 398.5eV 和 399.4eV 的两个峰上，分别对应于吡啶氮和叔氮，非晶碳膜的 N1s 结合能仅包含一个 399.7eV 处的峰，该峰可归因于叔氮，证明了吡啶基团的分解。此外，HPAHBC 的 N/C 值为 1∶5.7，高于膜的 N/C 值（1∶38.1），表明退火过程中氮原子的损失和吡啶基团的分解。膜的 C1s 结合能包含三个峰，可归因于 sp^2 碳，C—N/C—O 和 C＝O

（图2-9）。吡啶基的分解可能导致活性炭物种与氧之间的相互作用，氧可能来自吸附在样品表面的氧原子。

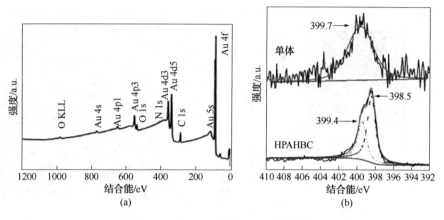

图 2-9　HPAHBC 膜的 XPS 光谱数据

拉曼光谱（Raman spectroscopy）也是 LB 膜结构表征中一个重要检测手段。通过拉曼光谱可以得出 LB 膜中官能团、烷基链的构型、单分子膜的有序性等信息。如图 2-10 是上述提到过的 HPAHBC 的前驱体在不同表面压力下制备成 LB 膜及其热解后的拉曼光谱。

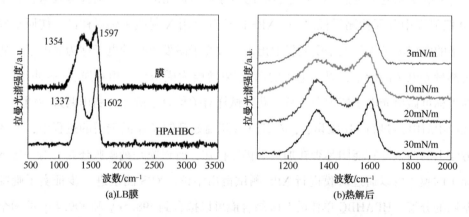

图 2-10　由 HPAHBC 前驱体在不同表面压力下制备所得 LB 膜
及热解后的拉曼光谱

在 532nm 的绿色激光激发中，HPAHBC 粉末和膜的拉曼光谱显示特征 D 和 G 峰约为 1350cm^{-1} 和 1600cm^{-1}，表明存在 HBC。如拉曼光谱所示［图 2-10（a）］，

HPAHBC 的光谱具有位于 $1602cm^{-1}$ 和 $1337cm^{-1}$ 处的强 G 和 D 带，由 sp^2 和 sp^3 杂化键拉伸产生的杂交缺陷。与 HPAHBC 单体类似，膜的光谱在 $1597cm^{-1}$ 处表现出强烈的 G 峰以及 $1354cm^{-1}$ 处的 D 峰。未观察到石墨烯和石墨烯纳米带的典型 2D 峰，表明 HBC 核心在交联膜中仍然彼此隔离。在较高表面压力下获得的膜的拉曼光谱表现出较窄的 D 和 G 峰[图 2-10（b）]。

2.1.4　LB 膜特点

LB 膜的特点可概括为：

（1）膜的厚度达到分子水平（纳米级），具有独特的物理化学性质，这种纳米级膜符合现代电子设备和光学设备的尺寸要求；

（2）膜中的分子排列高度有序且各向异性，可在分子水平上进行控制，可根据需要在分子水平上进行设计和实现，同时可通过调节膜厚实现层数的控制，不同的分子可选择不同的制备层数，从而使其具有不同的功能；

（3）制膜系统条件温和，操作简单，重复性好；

（4）可在常温常压下形成，所需生成能量小，同时不会破坏环状大分子结构；

（5）LB 膜分子排列紧密，膜层缺陷少，质量高且均匀。

这些特点预示着 LB 膜在新型光电材料的开发、尘埃膜功能的模拟和分子电子器件的制备、光学透镜、绝缘和隧道效应层、电荷转移、机械和化学保护层、光谱和磁有序材料等方面具有广阔的应用前景。近年来，LB 膜技术有了长足的发展，由 LB 膜功能体系实现的分子尺度上的组装已成为高新科学技术发展的热点。

2.2　自组装膜制备方法及结构分析方法

2.2.1　自组装单分子膜

《自组装：把自己组装在一起的事物的科学》（*Self-Assembly：The Science of Things that Put Themselves Together*）是 Pelesko 所著的一本书。正如其书名所说，

自组装(self-assembly)本身是一个广义和自描述性的术语，就是一门物体将自己组装在一起的科学。自组装是指在没有外部的干预下，构成元素(components)自行聚集、组织成规则结构的现象。自组装现象广泛存在于自然界之中，存在于生命系统之中，如DNA的双螺旋结构、蛋白质的聚集与折叠、细胞或某些生命体等，它们都被认为是分子自组装的结果。

自组装单分子膜(Self-assembled monolayers，SAMs)是成膜分子以静电力、范德华力、长程作用、氢键和立体效应等作为驱动力，在固-液界面或气-固界面通过化学键形成的排列紧密规则、热力学稳定的二维有序单分子层膜。SAMs的厚度为1~3nm。自从20世纪40年代中期，Zisman等人通过自组装过程在金属表面沉积了表面活性剂超薄膜开始，SAMs的吸附机理和在实际中的应用就引起了科学界的广泛关注。20世纪80年代，科学家发现烷烃硫醇在贵金属上自发组装。这一新的科学领域打开了一扇大门，以一种简单的方式，通过将金基板置于醇酐乙醇溶液中，创造出几乎具有任何所需化学性质的表面。目前已开发出多种不同的SAMs，适用于一系列不同的材料，但研究最为广泛的是利用烷硫醇酯和金的SAMs。烷烃部分从表面延伸出来，可以在组装前或组装后通过各种化学修饰进行功能化，从而提供具有特定化学性质的表面。SAMs的有用特性包括利用金层的光学透过性和导电性，这些特性使它们适用于表面特性的电化学调制。将金表面置于不同烷硫醇的混合溶液中进行组装，还可以产生多种不同烷硫醇的混合SAMs。这样，配体、化学官能团或烷硫醇就能以确定的配方应用于表面。自组装单分子膜技术弥补了LB成膜技术的不足，制备出的膜材料稳定性好，且自组装膜技术能够使我们从分子水平甚至是原子水平上了解固体吸附的原理，为制备出更有用的固体吸附材料提供技术支持。目前，自组装单分子膜技术已经被广泛应用于分子和生物分子识别、传感器件、非线性光学、腐蚀防护等许多领域。

2.2.2 自组装单分子膜结构

SAMs的结构分为三个主要部分：取代头基、烷基链以及功能端基，如图2-11所示。取代头基也称为铆定基团，其主要作用是吸附、铆定基底材料。取代头基一般以共价键(如Si—O键、Au—S键)或离子键(如—CO_3^{2-}、Ag^+)与基底结合，这些基团对基底的吸附作用远高于 LB 膜技术中气-液界面的结合力，这一吸附力可以显著提高单层膜的稳定性。取代头基与基底的吸附作用为放热反应，活性分子会尽可能占领基底表面的反应位点。中间段的烷基链的主要作用是在头部基团吸附成膜后，来稳定吸附物。在单体的中间，烷烃链最为常见，通过范德华力和疏水作用力，可促进组装过程中的有序化，排列成高度有序的中间层。在这些烷烃单体中，长烷烃链是促进组装过程中排序的必要条件。不过，单体中间的其他官能团（包括芳香环）也能通过 π-电子相互作用进行组装。有时我们可以通过在烷基链上进行设计，如引入特殊的官能团，从而改变 SAMs 的物理化学性质。功能端基有很多，如—CN、—COOH、—SH、—CH = CH$_2$、—NH$_2$、—OH 等，作为尾部端基其主要作用是使整个 SAMs 具有不同的物理化学性质的界面，或者借助其反应活性而获得多层膜。

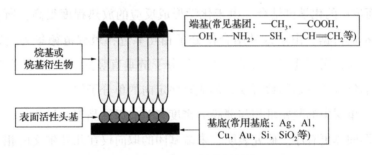

图 2-11 SAMs 的典型结构

作为 SAMs 吸附基底的基底材料包括一些活性金属（如金、银、铝、铜、铂等），半导体表面（如砷化镓、磷化铟等）或者氧化铝、云母、玻璃、石英、单晶硅等多种材料。这些固体表面与成膜分子相互作用，形成 SAMs 从而改变了其表面性质，如表面黏附力、摩擦力以及表面稳定性。利用 SAMs 表面功能基团的反应活性，能够制备出功能性的 SAMs 器件。金（Au）是最具代表性的基底之一，金位于 ds 区，是第一副族 I B 元素，其价层电子结构为 Xe$_4$f$_{14}$5d$_{10}$6s$_1$6p$_0$6d$_0$，其电子流动性好，易变形，金表面无氧化物膜，稳定性好，因此很容易利用其空的价层轨道与具有孤对电子的原子形成配位键，因此以金为基底的 SAMs 体系最具代表性。

基底的洁净程度会影响 SAMs 的成膜质量，因此基底在使用前需要进行表面处理。对不同基底的处理方法我们可以根据其用途及要求的不同进行不同程度的处理。例如使用金基底做电极时，电极表面的粗糙度及形貌可以直接影响电极表面的自组装过程，最终影响自组装膜的性能，因此我们需要对金电极进行较严格的清洁。一般来说需要对金电极片先进行物理清洗，后进行化学除杂除去表面的有机酸碱物质，然后用循环伏安法进行基片活化(一般用 0.1mol/L 的硫酸)，再进行超声清洗，最后用超纯水冲洗，高纯氮气(或氩气)吹干，迅速放入待组装体系进行组装；若使用的是镀金石英基片做电极片，则一般需要在 90℃ 的 Piranha 溶液(体积比，浓硫酸：双氧水 = 7 : 3)中浸泡 4 ~ 30min，以除去表面杂质，然后再依次用超纯水和待组装溶液的溶剂润洗，最后将其浸入待组装液进行组装。

分子与表面之间的亲和力也是影响 SAMs 组装的一个重要因素。通过大量研究，我们现在可以清楚地看到，自组织过程中的第一件事就是表面活性基团(头基)与表面位点的化学键结合。由于化学形成反应的放热程度很高，所有可用的表面位点都被占据。由于这种结合使分子相互靠近，短程范德华力变得非常重要。这些相互作用使连接在头部基团上的分子链垂直竖立起来，尽管是倾斜的。这些分子的集合体可延伸数百埃，形成有序定向的单分子层。

同时，单层中的紧密堆积与薄膜的密度有关。以结晶聚乙烯为例，单层比液体或无定形固体更有序。研究表明，末端基团的取向仅在几开尔文的相当低的温度下稳定，这意味着单层与溶液间是呈动态平衡的。

2.2.3　自组装单分子膜分类

SAMs 种类众多，其分类方法也有很多，可以根据自组装分子膜所用基底进行分类，如分为金基底 SAMs 体系、银基底 SAMs 体系、硅基底 SAMs 体系等。我们也可以按照组装分子的结构对 SAMs 进行分类。组装分子的结构主要有链状分子、大环平面共轭分子和生物大分子三大类，因此我们可以将相应的 SAMs 分为链状分子 SAMs、大环平面共轭分子 SAMs 及生物大分子 SAMs 等类别。

同样，我们可以根据成键原子的不同进行分类，也就是可以根据头部基团的官能团的不同进行分类。成键原子(头部基团上)一般有硫、氮、硒、硅等，例如二硫化物、巯基卟啉、L2 半胱氨酸是含有巯基的化合物，其与基底成键的原子均为硫原子。根据成键原子的不同，我们一般将 SAMs 分为六大类：有机硫类

SAMs、有机硅烷类 SAMs、有机磷类 SAMs、脂肪酸类 SAMs、席夫碱类 SAMs 以及咪唑啉类 SAMs。

有机硫类 SAMs 由于 S 与金属表面(尤其是金表面)具有很强的亲和力,成膜更容易,稳定性、有序性好,因此有机硫类 SAMs 研究较多。一般硫醇单体组装在金或者银基底上,也有报道将硫醇单体组装在钯和铂等其他基底上,但以钯和铂为基底制备的 SAMs 可重复性较差。硫醇单层与基底间只有一个附着点,具有很高的稳定性(如图 2-12)。然而,当在水介质中使用硫醇官能化底物时,该系统有许多不稳定的地方。比如,基底必须非常干净平整,否则可能会出现无序和缺陷点。缺陷部位可能会使氧气等活性物质扩散到金属界面。这可能会导致硫醇头基氧化,从而使硫醇单体脱离基底。对于这种情况,可以通过改变端基的官能团来提高系统的稳定性。根据 Mrksich 和 Luk 的报道,可以通过加入甘露醇或葡萄糖醇外消旋体来实现这一目的。

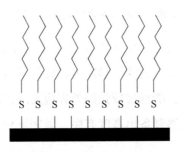

图 2-12 硫醇单体与多种金属以一个
结合点方式组装成 SAMs 示意图

有机磷类分子是构成生物膜的主要成分之一。在固体表面形成有机磷类 SAMs 的分子主要有两类:有机磷酸盐和磷脂分子。Lee 等首先开展此类研究,发现带有独特端基的磷脂分子可以在硅、云母、二氧化硅和金表面形成自组装膜,成膜条件简单,稳定性较高,且与生物膜结构相似,可使基底表面生物功能化,为与其作用的生物分子提供自然环境,应用于生物分子的分离、药物传递、生物传感器和仿生催化等。有机磷酸盐通过端基磷酸基与固体表面的过渡区金属离子形成难溶盐从而形成 SAMs,如图 2-13 所示。另一类研究较多的单体是膦酸。这些单体可在许多不同的基底(包括金属氧化物和硅)上组装。尽管与基底的结合具有多齿性，从而使涂层具有较高的稳定性，但其反应活性并不稳定。膦酸盐单分子层的组装条件通常比较困难。目前已报道了多种生产有序单层的方法，包括气溶胶涂层、高温退火、通过聚集和生长（T-BAG）进行系链以及基底预处理。这5种方法都需要大量时间和能源，因此限制了膦酸盐在商业产品中的应用。

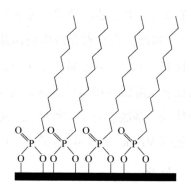

图 2-13　磷酸单体多齿组装在金属氧化物基底上形成 SAMs 示意

有机硅类 SAMs 是有机硅烷衍生物在羟基化固体表面（如羟基化二氧化硅、石英、云母等）形成的 SAMs。这类 SAMs 中硅烷分子与基底以共价键结合，分子间相互聚合，因此很稳定，能抵抗较强的外界应力或侵蚀，利用这种单层膜表面功能基团的反应活性，能够制备出高度有序、紧密堆积且具有功能性的纳米半导体器件。

在玻璃基底上形成的自组装单层主要是由带有三氯硅烷头基的单体实现的。三氯硅烷单体对玻璃基底具有高活性，同时也具有高反应性，因此，这类单体的合成和纯化都存在问题。使用三烷氧基硅烷单体可以解决上述问题，但需要更严苛的组装条件，包括多个浸泡和退火步骤。不过，无论哪种情况，由这些硅烷单体形成的单层表面都存在高度的单体交联，图 2-14 中标出的两个中心单体之间发生了交联。这种单体间的交联使单层具有一定程度的不稳定性，从而使单层可以从表面剥离。这些单层只能用于短期应用。

长链脂肪酸（$C_nH_{2n+1}COOH$）可以通过其上面的羧基与金属氧化物表面（如氧化铝和氧化铜表面等）发生酸碱反应形成 SAMs。油酸基咪唑啉类化合物作为一种两性的活性分子也是研究较多的用于自组装的物质，其作用在钢或铁表面形成

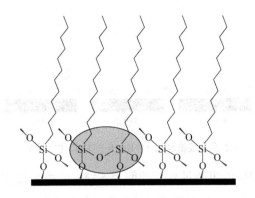

图 2-14 硅烷单体形成 SAMs 时产生交联示意

SAMs 以后，能有效减缓侵蚀性物质对其表面的腐蚀作用。

2.2.4 自组装单分子膜基本组装原理

SAMs 种类繁多，每种 SAMs 的自组装过程、组装机理略有不同，以经典的硫醇在金表面自组装过程为例，Terry 等人研究表明该过程可分为两步：吸附过程和重组过程。

（1）吸附过程，金表面浸入硫醇溶液后，硫醇分子与金表面发生反应组装分子的头部基团吸附到基底表面，如图 2-15 所示。这一过程进行速度很快，只需要几分钟接触角便接近极限值，膜厚达到 80%~90%（以最终接触角为 100% 来衡量膜厚，组装膜开始前接触角为 80°。例如：最终接触角为 160°，起始接触角为 80°，如测试 5min 后自组装膜的接触角为 150°，则此时膜厚为 87.5%），主要受组装分子的活性端基与基底表面间的反应速度影响，可以用下式表达：

$$2R—SH+2Au \longrightarrow 2R—S—Au+H_2$$

（2）重组过程，此过程为膜稳固成熟化阶段，完成吸附过程的组装分子最初呈现出无序态，重组过程即从这种无序态到称为致密有序的单分子膜的过程，这一过程进行的时间比较长，反应几小时后接触角、膜厚才达极限值，这与表面膜的结构无序性、膜分子间作用力大小、膜分子在基底表面的流动性等因素有关。这一过程进行时间主要取决于组装膜的混乱度及中间烷基链和端基在基底表面移动性能。

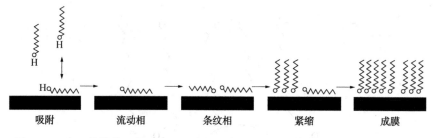

| 吸附 | 流动相 | 条纹相 | 紧缩 | 成膜 |

图 2-15　自组装单分子通过物理吸附(R—S—H)和化学吸附(R—S)成膜示意图

有机硅烷类 SAMs 的组装过程与硫醇类 SAMs 的组装过程有所差别，有机硅烷类 SAMs 所用单体多为氯取代或烷氧基取代的长链有机硅烷分子，基底表面一般多为羟基化的二氧化硅、氧化铝、石英、玻璃、云母、硒化锌、氧化锗和金等表面。Bouhacina 等研究发现，有机硅烷类 SAMs 的组装过程中首先是头基—SiCl$_3$吸收溶液中或固体表面上的水发生水解生成硅醇基[—Si(OH)$_3$]，这一水解已经经过 XPS 及红外光谱进行了证实，然后与基底表面羟基—OH 以 Si—O—Si 共价键结合，单分子膜中分子之间也以 Si—O—Si 聚硅氧烷链聚合。最终形成一种通过 Si—O—Si 键连在一起的单分子膜。有机硅烷类 SAMs 成膜过程中低聚体的生成限制了硅烷分子的流动性，因此，此类单分子膜一般要比脂肪酸类及烷基硫醇类 SAMs 的有序性差，其制备条件也较难控制，溶液中水的含量及基底表面—OH 密度的极小差别都会引起 SAMs 质量的很大差异。但由于其特殊的稳定性，方便的分子设计及其应用前景，此类 SAMs 仍是表面改性和表面功能化的理想材料。

从上面 SAMs 膜组装过程可知，SAMs 有以下特点。

(1) 有序性。与朝着无序性状态转变的化学反应不同，自组装的结构比单独的组成部分有序性高。SAMs 属于高度有序的组装体系，这种有序结构表现为有序的多重性。具体而言，自组装分子的取代头基(端基)能够化学吸附在固体基底表面形成具有二维平面空间的准晶格结构，此为第一重有序；自组装分子的长链结构在轴方向通过链与链间的范德华力相互作用有序排列，此为第二重有序；烷基链末端的特殊官能团在平面的垂直方向上有序排列，此为第三重有序。

(2) 稳定性好。与 LB 膜普遍稳定性较差不同，SAMs 的稳定性一般都较好，这主要与组装分子之间，组装分子与基底之间的作用力较强有关。组装分子与基底之间通常会形成具有较强相互作用的共价键或离子键，组装分子间也存在共价键或氢键、范德华作用力、毛细现象、π-π 相互作用等，保证了组装膜的稳定性。

（3）SAMs 体系设计可能具有多样性，可以根据需求对组装分子进行官能团修饰或修改，分子设计的多样性和灵活性，为人们提供了进一步认识和控制微观世界的机会，提供了从分子、原子水平上设计分子器件的条件，是进行功能表面工程的有效途径。

2.2.5 自组装单分子膜的表征

作为一个近 30 年才发展起来的研究领域，如何表征 SAMs 的结构、性能、致密性与稳定性等特征，对人们认识该技术十分重要。应用较为广泛的自组装膜的表征方法有接触角测量法、红外光谱法（Infrared Spectroscopy, IR）、循环伏安法（CV）、交流阻抗法（impedarce analysis, IA）、计时库仑法（chronocoulometry）、射线光电子能谱（XPS）、热脱附谱（TDS）等。下面就几种常见测试方法进行描述。

2.2.5.1 接触角（contact angle）测量法

使用接触角测量法可以评估基底的整体疏水性和亲水性。将液滴（微升体积）置于表面，测量表面与液滴边缘切线之间的角度（θ），如图 2-16 所示。水是最常用的亲水液体，而癸烷通常用作测量的疏水液体。这种方法提供了一种快速简便的操作来确认表面功能化是否已经发生。

图 2-16 水接触角测试 θ 角测量方法示意

2.2.5.2 质谱法（Mass Spectrometry）

基质辅助激光解吸电离质谱法（MALDI-MS）是一种测量从表面烧蚀的离子的质荷比的技术。与蒸发和破碎分子的电离方法相比，它被认为是一种"更软"的电离技术。与其他质谱方法相比，MALDI 能够以较少的碎片研究较大有机分子和生物分子结构。MALDI 是另一种可用于确定 SAMs 是否已在基底上成功形成的强大检测工具，还可以用来监测 SAMs 表面的化学反应。

2.2.5.3 表面等离子体共振成像(SPR)

表面等离子体共振(SPR)是一种测量金属界面折射率变化的技术。近红外光产生的表面等离子体在金属基底上发生衰减全反射，并沿表面传播。SPR 能够测量表面几纳米范围内吸附在该界面上的分子。该技术是一种测量吸附和结合的无标记检测方法，非常适合研究烷硫醇单层，因为金属基底通常是金。在传统的 SPR 实验中，探测器对被探测的基底进行整体测量(图 2-17)。该技术已扩展到微米级空间分辨率，被称为表面等离子体共振成像或 SPRi。

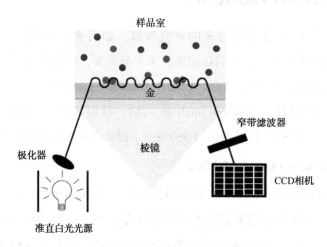

图 2-17　SPRi 测量吸附在金等金属基底的生物分子示意图

2.2.5.4 扫描探针显微镜(SPM)

扫描探针显微镜(SPM)是一种多方面的技术，可提供有关基底特性的信息。该技术最常用于通过测量表面小特征的高度来成像表面形貌。不过，表面的化学和物理特性也可以通过测量 SPM 探针与基底的相互作用来评估。静电位、纳米机械特性和表面粗糙度等表面特性都可以通过各种实验装置进行评估。这种技术的分辨率受到探针尺寸和检测系统灵敏度的限制，而探针尺寸和检测系统灵敏度会受到热漂移、振动和其他环境影响。多种 SPM 技术已被用于研究纳米级及以下单层的结构和特性。SPM 包括探针与表面的接触式和非接触式相互作用。

2.2.5.5 纳米刮擦(Nanoscratching)

为了研究 SAMs 改性基底的摩擦学特性可以采用纳米刮擦方法。这种方法是评估纳米摩擦学特性或在 Veeco/Bruker 开发的 NanoMan 软件包的多功能系统中进行纳米光刻的绝佳手段。虽然有其他仪器可以专门测量纳米轨迹，但这些系统无法提供基底的其他表面特性信息，而多功能 SPM 系统则可以做到这一点。可使用标称针尖半径为纳米级的金刚石针尖悬臂，以规定的力刮擦基底表面。这种不锈钢悬臂和金刚石针尖比传统的硅悬臂和针尖更坚固，可以评估微牛顿力。在模拟磨损后，可使用同一探头在攻丝模式下对表面划痕进行成像，从而测量磨损疤痕。通过比较不同单层系统功能化基底上的划痕和未功能化基底上的划痕所产生的磨损疤痕，可以评估单层的磨损保护能力。

2.2.5.6 椭圆偏振光法

椭圆偏振光法在上一节关于 LB 膜检测中进行过介绍，椭圆偏振光法可以直接用来测定有序分子膜的厚度，并且可以推算膜的折射率，为研究膜中分子的取向提供证据。其可通过测定反应体系中相角和强度的变化，得到振幅比和相位差的关系，进而推测出与表面状态相关的参数。

2.2.5.7 红外光谱法(IR)

红外光谱法(IR)通常通过识别与化学键的伸展或弯曲相对应的独特峰值来获取分子中存在的官能团信息。红外光谱可以研究有序分子膜的稳定性和取向特征，成膜分子与基底的作用形式以及膜的功能与结构关系等问题。常用的红外光谱方法有衰减全反射-傅里叶变换红外光谱法(Attenuated total reflectance fourier transform infrared spectroscopy，ATR-FTIR)、透射-傅里叶变换红外光谱法和反射吸收-傅里叶变换红外光谱法(RA-FTIR)，其中以 ATR-FTIR 法应用最为广泛。ATR-FTIR 法可以原位表征固体或者液体界面上单层或者多层的吸附和脱吸附状态，因此广泛地应用在生物化学领域中，研究固体或者液体界面上化学结构与反应。除了确认特定官能团的存在，红外光谱还被广泛用于确定 SAMs 表面的有序程度。

2.2.5.8 循环伏安法(CV)

循环伏安法是研究自组装膜最常用的电化学方法，它能直接给出相关膜结构中存在的针孔和膜的缺陷等信息，可以监测自组装膜中电子的传递过程。循环伏安法主要用在以下三种情况：①表征含电活性基团的自组装膜发生氧化还原的电位、可逆性及稳定性；②借用可逆的氧化还原体系表征自组装膜的稳定性及对电子传递的阻碍作用；③将自组装膜作为理想的平板电容器，由一定扫速下的双层充放电电流绝对值之和求得界面的双层电容，从而判断自组装膜的几何厚度、介电性质和通透性。Porter 等利用烷基硫醇的解吸还原对其在金电极表面形成的自组装膜进行了表征。还有文献成功地用循环伏安法考察了偶氮苯硫醇衍生物的自组装成膜过程及偶氮苯自组装单分子膜中长程电子传递转移机理。

2.2.5.9　电化学交流阻抗法

电化学交流阻抗法是用小幅度的交流信号扰动电解池，观察体系在稳态时对扰动的跟随情况，它已成为研究电极过程和表面现象的重要工具。交流阻抗法以测得的很宽频率范围内的阻抗频谱来研究电极系统，因而能比其他常规电化学方法得到更多的关于界面结构和动力学的信息。通过分析探针分子 $[Fe(CN)_6]_8$ 在不同膜层引起的阻抗谱行为的变化，可以得出电荷传递电阻和双电层电容以及膜层数之间的关系。同时，交流阻抗技术可以用来定量求解交换电流密度和表面的覆盖度，模拟等效电路。崔晓莉等用交流阻抗法测量了膜的电容，发现对于相同面积的"倒塌"缺陷，自组装膜的"倒塌"缺陷程度越深，电子转移速率常数偏理想的数值越大。

2.2.5.10　石英晶体微天平(QCM)

石英晶体微天平(QCM)是一种用于测量非常微小的质量变化的技术。QCM是通过频率的改变值来检测晶体表面质量的变化，从而确定物质在晶片上吸附/脱附的量，该值可以精确到纳克级。当晶体中加入质量时，振荡频率会受到阻尼。因此该技术用于自组装膜的研究具有直接、灵敏的特点。电化学家已经成功地将这种技术应用于电极表面的研究，测量固体电极表面层中质量、电流和电量随电位的变化关系，从而认识电化学的界面过程、膜内物质传输和化学反应以及膜生长动力学等。Fruböse 和 Doblhofer 使用该技术现场监测了硫醇在金表面的吸附过程，提出了自组装膜形成的两个过程。这项技术也可以用来比较 SAMs 表面的蛋白质抗性，当蛋白质溶液流过 SAMs 表面时，观察到的频率变化就是对表面吸附的蛋白质质量的测量。

2.2.5.11　微分电容技术

微分电容技术可以用来判定自组装膜是否存在，表征自组装膜的厚度、介电性质和离子的通透性。Porter 等对不同碳链的烷烃硫基化合物用微分电容技术进行了研究，发现链越长对电子传递的阻碍作用越大。

除了以上这些，还有很多研究表征方法可以帮助我们更好地认识单分子膜，如可以看到分子排列与取向、看单分子膜有序性的电子衍射（LEED 和 HEED）、用于表面结构、表面层晶格参数分析的低能氦衍射（LEHED）等。

2.3　二维材料膜的制备及结构分析

自从 2004 年 Geim 和 Novoselov 成功地用胶带从石墨中剥离出石墨烯，关于二维材料膜的种类、性能、制备、应用等方面的研究层出不穷。这些超薄二维材料具有片状结构，厚度为单个原子或几个原子厚，水平尺寸超过 100nm 或者几微米，甚至更大。由于电子被限制在二维环境中，因此二维材料通常可以表现出与三维材料不同的电子、物理和化学性质。由于石墨烯是第一个被报道出来的二维材料，我们通常称与石墨烯具有类似结构但不同组成的二维材料为类石墨烯材料。截至目前，已经有几十种石墨烯、类石墨烯材料被报道，如二维过渡金属碳化物或碳氮化物（MXenes）、贵金属、金属有机框架材料（MOFs）、共价有机框架材料（COFs）、聚合物、黑磷、硅烯、锑烯、无机钙钛矿和有机-无机混合钙钛矿等。这些二维材料我们通常可以根据其结构分为层状结构和非层状结构两类，如石墨、六方氮化硼（h-BN）、过渡金属硫化物（TMDs）、石墨氮化碳（$g-C_3N_4$）、黑磷、过渡金属氧化物（TMOs）和层状双氢氧化物（LDHs）等均为层状结构材料，这种层状材料的每一层中的原子通过相互间强烈的共价键相连接，同时层间通过较弱的范德华力结合组成块状晶体，这种较弱的范德华力使其可以很容易地从材料本体剥离形成超薄的纳米片层。这些超薄的纳米片层由于各向异性，会和本体材料有完全不同的性质。对于非层状结构的材料来说，是由原子通过化学键在三维范围内键合或者配位形成的，对于此类材料的超薄二维材料的制备也有多种方法。

对于不同的应用需求，我们对超薄二维材料的物理、化学、电子性质、光学性能等的需求不同，我们往往需要制备具有不同组分、尺寸、厚度、晶相、表面特性甚至不同缺陷情况的超薄二维材料。二维材料的制备方法通常可以分为两类，一类为自上而下法(Top-down)，一类为自下而上法(Bottom-up)。所谓自上而下法，指的是将较大尺寸(从微米级到厘米级)的物质通过各种技术来制备我们所需要的纳米结构，例如微机械剥离、机械力辅助液体剥离、离子插入辅助液体剥离、离子交换辅助液体剥离、氧化辅助液体剥离、选择性刻蚀液体剥离等可以使得层状结构材料经过剥离后分散出我们的目标二维材料，因此这些方法属于依靠自上而下的思路产生的制备方法。而像化学气相沉积法(CVD)、LB法、界面法等均属于自下而上的方法，即较小的结构单元(如原子、分子、纳米粒子等)制备相对较大较复杂的结构体系。这些方法需要选定前驱体，前驱体发生化学反应而制备出目标材料。下面我们就几种常见的二维材料制备方法进行介绍。

2.3.1 微机械剥离

微机械剥离是一种传统的制备薄片材料的方法，它通过使用胶带对层状结构块体进行剥离。这种方法最初是通过胶带的机械力来削弱块状晶体的层间范德华力的，因为这并不会破坏面内的共价键，因此可以得到单层或多层的二维晶体。通常，首先将块状晶体与胶带的黏结面接触，然后使用另一个胶带的黏结面剥离出薄片。这个过程可以被重复多次来得到合适厚度的薄片。胶带上新得到的薄片可以与一个清洁、平坦的表面接触，并通过塑料镊子等工具将其摩擦到衬底上。最后，单层或多层纳米片就会留在衬底上。当使用合适的衬底时，利用光学显微镜就可以观察和区分这些机械剥离的超薄二维晶体。2004年，Novoselov、Geim及其合作者首次成功地利用微机械剥离法从石墨上得到了单层的石墨烯纳米片。随后，利用相同方法也得到了其他二维超薄材料。

2.3.2 机械力辅助液体剥离

微机械剥离法证明将机械力应用在剥离层状晶体得到单层或多层二维纳米材料上是十分有效的。由此可以得到灵感：如果将块状晶体分散在液体中，并施以合适的机械力，也许也能得到超薄的二维纳米片。基于这个思路，许多机械力辅助液体剥离法被应用到高产率、大规模剥离液体中块状晶体的研究中。在机械力的基础上，液体中的剥离主要分为两种：声波辅助液体剥离和剪切力辅助液体剥离。

2.3.3 离子插入辅助液体剥离

离子插入辅助液体剥离是另一种具有代表性的自上而下得到二维纳米材料的方法。这一方法的基本思路就是将具有较小离子半径的阳离子插入层状块体的空隙中形成离子插层化合物。离子插层可以显著扩大层间距并削弱相邻层间的范德华力。因此，离子插层化合物可以在温和的超声波下在特定溶剂中很短时间内就轻易得到单层或多层纳米片。在大多数情况下，插层离子可以与溶剂反应产生氢气，这也促进了在超声过程中相邻层间的分离，因此，进一步提高了剥离的效率。高产率的单层或多层纳米片可以在离心后去除厚片得到。目前，多种超薄二维纳米片已经可以通过这种方法得到。

2.3.4 化学气相沉积(CVD)

CVD 是一种在衬底上得到高纯材料或薄膜的传统方法。过去十年间，CVD法已经逐渐发展并成为制造大量超薄二维纳米片的可靠方法。在实际操作中，将预选的衬底放入炉腔中，一种或多种气态前驱体在炉腔内循环，随后前驱体会反应和/或沉积在衬底表面。基于此方法，在合适的实验条件下就可以得到超薄二维纳米片。在一些生长过程中，例如生长石墨烯，催化剂是反应过程中必不可少的。

2.3.5 湿化学合成

湿化学合成属于自下而上的制备方法，也是生产高产率、大质量超薄二维纳米材料的较好选择。湿化学合成法代表了所有依赖在合适实验条件下，溶液中某些前驱体发生化学反应的合成方法。由于具有很强的可操控性，因此湿化学合成法是一种便捷、可再生的制备超薄二维纳米材料的方法。在此过程中还伴随着对于厚度和尺寸的控制，所以在工业化的大规模生产中极具潜力。特别的是，湿化学合成法已经被用于合成不同的非层状结构超薄二维纳米材料。制备出的二维材料可以轻易地分散在无机或水体系中，这使得它们十分适合应用在不同领域。常见的湿化学合成法主要包括水热/溶剂热法、二维定向附着、纳米晶自组织、二维模板法、热注入法、界面隔离法、表面合成法等。

2.4 二维材料的结构表征

得到精确尺寸、成分、厚度、晶相、掺杂情况、缺陷、空位、应变、电子状态和表面状态对于理解制备出的二维纳米材料中结构特征和性质间的关系十分重要。因此，对材料进行深入的表征是至关重要的。例如光学显微镜、扫描探针显微镜(SPM)、电子显微镜、X 射线吸收精细结构光谱(XAFS)、X 射线光电子能谱(XPS)和拉曼光谱等。

2.4.1 光学显微镜

由于光学显微镜可以快速提供材料的位置、形状和厚度，因此超薄二维纳米材料在普通光学显微镜下的可见性极大促进了对于其特性和应用的深入研究。这种成像基于不同表面反射光的干涉。裸露的衬底与超薄二维纳米材料间的光学差别是由样品上光路和光透过性的明显扰动引起的。

2.4.2 扫描探针显微镜(SPM)

SPM 是在高分辨率下对材料表面性质进行研究的有力工具。通过不同的相互作用以及仔细的分析可以对超薄二维纳米材料的表面形貌、电子屏蔽以及电子能带进行研究。

2.4.3 原子力显微镜(AFM)

AFM 经常被用来测量二维纳米材料的厚度。虽然这看起来似乎很直接，但是这也需要结合其他表征手段，例如光学对比度、拉曼光谱和光致发光谱等精确区分层状二维材料的层数。图 2-18 为典型 AFM 图像，选择平面上的一条线，可以看到该线上表面高度。

2.4.4 导电原子力显微镜(CAFM)

在 AFM 被用来提供超薄二维纳米材料的表面信息时，CAFM 也已经应用在高空间分辨率的条件下对材料导电性的研究中。导电的尖头作为顶电极，然后测量从石墨烯底电极到顶电极间的隧穿电流。

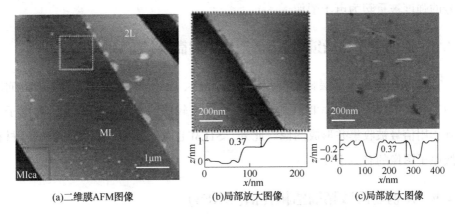

(a)二维膜AFM图像　　　　(b)局部放大图像　　　　(c)局部放大图像

图 2-18　典型 AFM 图像

2.4.5　静电力显微镜(EFM)和开尔文探针力显微镜(KPFM)

导电尖端与样品表面远距离的静电相互作用会引发振幅和相位中可探测的变化。这些变化依赖于样品表面的静电势。在这种方法中，这些变化可以辅助揭示材料的表面势和电屏蔽特性。由于二维纳米材料具有超薄以及相对较弱的屏蔽效应，因此 EFM 和 KPFM 对于研究材料和衬底间的相互作用是十分有利的。

2.4.6　扫描隧道显微镜(STM)和扫描隧道光谱(STS)

STM 和 STS 除了对原子级的表面形貌进行揭示以外，也可以对定域的电子态密度进行表征。在过去的 20 年间，STM 和 STS 已经应用在对超薄二维纳米材料电子能级结构以及掺杂的研究中。这些结果对于了解准粒子带隙、缺陷和栅极诱导的掺杂、局域的金属性以及范德华异质结的能带对准是不可替代的。

2.4.7　扫描电子显微镜(SEM)

SEM 是一种广泛应用于表征固体材料的形貌、拓扑结构以及详细的表面结构的手段。不同于光学显微镜的空间分辨率被限制在微米级别，SEM 由于电子的德布罗意波长更小，因此其拥有更高的空间分辨率。在 SEM 中，电子束会扫描样品表面，在样品表面和电子间发生的非弹性散射会产生靠近样品表面几纳米到几微米范围内的二次电子。产生的二次电子被闪烁计数器和栅格探测器收集，然后信号的强度被重塑为电子图像。

2.4.8 透射电子显微镜/扫描透射电子显微镜(TEM/STEM)

TEM 是一种表征薄层材料的尺寸、结晶性、相、暴露晶面以及生长方向的有力工具。不同于 SEM，TEM 中的电子会穿过较薄的样品，样品上透射电子的相互作用信号被收集并形成图像。此外，STEM 也是一种提供超薄二维纳米材料分散原子图像的有力手段。

2.4.9 X 射线吸收精细结构光谱(XAFS)

XAFS 或 X 射线吸收光谱(XAS)是一种灵敏度高、非破坏性的光谱技术，可以用来探测材料在原子尺度上的结构特征，例如氧化态、配位化学、键长以及原子种类。

2.4.10 X 射线光电子能谱(XPS)

当材料暴露在 X 射线中时，XPS 代表了材料内被探测电子的结合能与被探测电子数之间的函数关系。每种元素都有其特定的结合能峰，因此可以轻易分辨出材料的元素组成。每种元素峰的位置和形状都对其原子内电子的组态十分敏感，这使其成为分析材料化学成分、表面污染、电子态以及原子的局部结合的有效手段。

2.4.11 拉曼光谱

拉曼光谱是一种快速、非破坏性提供材料结构和电子信息的表征手段，同时具有很高的空间分辨率。除表征石墨烯之外，拉曼光谱也被使用在揭示不同超薄二维纳米材料的层数、结晶方向和结晶相、应变和掺杂效应以及范德华力等性质上。

3 界面衍生膜

3.1 金属有机框架(MOFs)膜材料

3.1.1 MOFs膜概述

金属有机框架(Metal organic frameworks, MOFs)是一类多孔的晶体化合物,其为金属离子与有机配体进行桥联形成的无机团簇,在二维或三维上具有多孔的晶体结构。有机配体和金属中心可以形成多种配位类型,从而形成具有不同空间群的MOFs。MOFs具有许多优良的性能,如具有高比表面积、高孔隙率及功能可调性、良好的热稳定性及化学稳定性等,这使MOFs在分离、催化、化学传感、气体存储、光通信、检测等多领域具有应用价值。

目前文献已经报道了20000多种不同的MOFs,随着MOFs材料研究的发展,国内外众多科研者的研究重点逐渐从设计和发现新结构MOFs转向开发高性能、多功能MOFs材料及其器件化的制备。由于粉末或晶体形式的MOFs无法满足实际应用中材料的尺寸设计需求,人们越来越发现要想真正实现MOFs材料的多样化应用,在保留其已有性质的条件下将其尺寸扩大化是未来发展的必然要求。2005年Fischer课题组在金基底上成功制备出MOF-5薄膜,将MOFs材料加工成薄膜形式可以轻易实现对MOFs材料的尺寸控制。自此之后,各种制备MOFs薄膜的方案相继被开发出来并得以应用。虽然MOFs膜的研究起步较晚,但在近十年内迅速发展,对MOFs薄膜的研究已经成为目前研究的一大热点,以薄膜的形式沉积的MOFs有着巨大的应用前景。

3.1.2 MOFs 膜材料分类

依据金属有机骨架薄膜是否生长在基底上，可以将 MOFs 薄膜分为支撑和无支撑（或自支撑）两种类型。为了便于薄膜的器件化应用通常会选择将 MOFs 薄膜置于合适的基底上生长，所以支撑型 MOFs 薄膜的应用更加广泛。

除此之外，依据晶体的排列是否随机可以将 MOFs 薄膜分为多晶薄膜和 SUR-MOFs（surface-supported metal-organic frameworks）。多晶膜可以看作薄膜表面晶体或粒子或多或少随机取向的集合。这些晶体可以很好地共生直至完全覆盖基底表面，也可以是分散的（存在孔洞）生长。在某些情况下，薄膜与基底的相互作用有利于晶体相对于基底在一个特定的方向上生长，从而产生优先取向薄膜。这种具有一定取向性，膜厚与 MOFs 粒子或晶体的大小有关，通常在微米范围内的薄膜，我们称为 SURMOFs。SURMOFs 由超薄的（在纳米范围内）MOFs 多层膜组成，具有生长方向上的完美取向，非常光滑，粗糙度小，并且通常在基底上准外延生长。因此，SURMOFs 的厚度和晶畴的大小是相互关联的，并且理想情况下可以精确控制。

3.1.3 基底材料的选择

MOFs 材料与基底之间的相互作用可能是控制薄膜质量和最终器件性能的主要参数之一。在已报道的文献中，常用的基底材料主要是多孔 α-Al_2O_3、透明导电氧化物（TCOs）[包括氧化铟锡（ITO）和氧化氟锡（FTO）]、二氧化硅和金基底、金属网、多孔氧化锌和聚酰胺等。对于含铝的 MOFs，使用多孔 α-Al_2O_3 作为基底材料可以使 MOFs 薄膜很好地生长在基底上，加强膜与基底的作用力；透明导电氧化物由于自身透光、高度导电的优点，在这类基底上制备的 MOFs 薄膜器件更适用于光学、传感、光催化和电极装置等；二氧化硅和金基底的刚性好，但由于其本身是惰性材料，如果基底表面不做任何处理的话，难以与 MOFs 薄膜形成良好的结合力。因此，要想在惰性基底上制备连续致密的 MOFs 薄膜，必须解决 MOFs 与基底材料之间的结合力这一关键问题。

众所周知，基底的表面功能化修饰是用于增强基底与 MOFs 薄膜之间结合力的有效手段。常用的基底修饰方法有：无机分子修饰、有机分子修饰和 MOFs 晶种修饰三种。

3.1.3.1 无机分子修饰

可用于修饰基底的无机材料主要包括金属氧化物，层状双羟基复合金属氧化物(Layered double hydroxides，LDH)和氢氧化物。与 MOFs 薄膜含有相同金属离子的金属无机化合物可以作为金属源直接参与反应，其可以穿透薄膜并十分有效地增加基底与膜之间的结合力。此外，无机化合物的各种纳米微结构也增加了基底的表面积，并提供了与最初在溶液中形成的 MOFs 颗粒的附着位点，使 MOFs 膜更易于在基底上生长。

3.1.3.2 有机分子修饰

当前，用于对基底表面进行改性的有机材料主要有硫醇衍生物、硅烷偶联剂和聚多巴胺。此外，也有研究人员将改性后的有机高分子薄膜用作基底。实际上，基底表面经过有机官能团改性后可增加活性成核位点数量，有机分子与 MOFs 之间的共价键、氢键和范德华力的形成将进一步有效地增强基底与 MOFs 薄膜之间的结合力。目前在基底上进行特定官能团修饰最简单的方法之一是沉积自组装分子膜 SAMs。SAMs 可以暴露出有机物表面官能团(例如—COOH，—OH，—NH$_2$和吡啶基)用于固定金属(或金属—氧)节点和有机配体，并因此诱导基底与薄膜的结合生长。

3.1.3.3 MOFs 晶种修饰

使用 MOFs 晶种对基底进行修饰多用于 MOFs 薄膜的二次生长法中。在利用二次生长制备 MOFs 多晶薄膜时，晶种的形状和大小对最终形成膜的质量有很大的影响。具有高比表面积的晶种颗粒有助于促进结晶并持续生长形成致密的薄膜。理想的晶种应该是形状和大小均一的纳米颗粒，但也有文献记载通过无定形纳米晶粒二次生长获得致密膜的实例。纳米晶体颗粒由于拥有较高的表面能，从而其更易于附着至基底表面从而形成高质量的晶种层。同时，具有高能晶面的纳米晶体颗粒可以更容易地进行二次生长和晶面诱导，这有助于致密膜的形成。可以说，利用 MOFs 晶种对基底进行修饰是二次生长法形成多晶膜的第一步。如果可以控制纳米晶种的制备，那么将有利于了解 MOFs 晶体的成核，生长和晶面衍生这一系列的规律，进而反馈并指导薄膜的生长过程。

3.1.4 MOFs 膜材料的制备

MOFs 膜材料具有独特的孔道结构和表面官能团特性，MOFs 薄膜可以赋予表面优越的性能以及先进的功能，同时还可以最大限度减少所用材料的数量，因此 MOFs 膜的制备也备受人们关注。早期 MOFs 薄膜制备的灵感主要来源于两个密切相关的领域：沸石薄膜以及 Langmair-Blodgett 和逐层法背景下的配位聚合物薄膜制备技术。这两个领域涉及的薄膜制备技术，已为 MOFs 薄膜提供了众多丰富的制备方案，随着研究的不断深入并结合自身结构和物理化学性质特点进行了诸多改良。膜的合成方法具有普适性但同时又与材料自身物理化学性质相关，通常 MOFs 膜的主要合成方法有：机械剥离法、溶剂热生长法、原位晶种法、晶种法、逐层液相外延法、电化学合成、二次生长、LB 法、化学气相沉积和后合成修饰等。溶剂热生长法是最经典的合成方法，具有简便、高效、成本低的优点；液相外延法常与层层组装策略结合制备合成高取向 MOFs 薄膜，可调控生长所需薄膜的厚度和表面粗糙程度；界面合成法是另一种简便、快速获得 MOFs 薄膜的方法；电化学沉积法、原子层沉积法制备厚度可控的 MOFs 薄膜。下面就几种常见的制备方法进行介绍。

3.1.4.1 机械剥离法

机械剥离的方法主要适用于具有分层结构的 MOFs 块体材料，对其进行有效的剥离，从而得到 2D-MOF 纳米片。对于大块的层状 MOFs，其层内存在较强的配位键，但是各层间的相互作用(如氢键、范德华力等)较弱。这种弱的层间相互作用可以轻易地被外部驱动力(如振动、机械力、超声和冻融等)破坏，从而得到单层或几层的 2D-MOF。根据使用的剥离方法的不同可以分为多种制备方法。超声剥离法：在层状 MOFs 的超声剥离过程中，溶剂通常会进入 MOFs 层间，弱化层间的相互作用。Zamora 等通过超声剥离法制备了 0.5nm 厚的 2D-MOF 超薄纳米片 CuBr(IN)$_2$(IN=异烟肼)，该纳米片是第一个采用超声辅助剥离法制备的原子级厚度 MOFs 纳米片。随后，Cheetham 等报道了一系列丁二酸二甲酯(DMS)基 MOFs 的剥离，例如 ZnDMS、M$_{2,3}$-DMS 和 MnDMS 等(M=Mn、Co 或 Zn)。微机械剥离法与超声剥离法类似，可以作为一种非化学破坏的技术。采用这种方法有利于开发出表面整齐、横向尺寸大、晶体质量优异的 MOFs 纳米片。早期的微机械剥离法被广泛用于石墨烯以及其他 2D 材料如六方氮化硼(h-BN)和二硫化钼(MoS$_2$)的剥离。最近，Espallargas 等采用微机械剥离法，使用塑料胶带将大块的 MOFs 晶体剥离，成功制备出了 2D-MOFs 纳米片。溶剂诱导剥离法，使用适当的溶剂来破坏层状 MOFs 的弱层间作用力，从而剥离出 MOFs 纳米片，这便是溶剂诱导剥离法。再如，Aida 等使用二氧六环和 2-甲基四氢呐喃(MeTIF)作溶剂，增加纳米片的层间距，成功地将块状 Cu(II)-MOF 剥离为单层和双层纳米片。Banerjee 等采用同样的溶剂剥离工艺，通过水解转化过程，将金属-有机多面体剥离成了 6~8 层厚的层状 MOFs。与超声剥离和微机械剥离相比，溶剂诱导剥离的结果更加可控。此外，还有一种常见的剥离方法是插层剥离法，其基本思路是将化学离子/有机配体插入 MOFs 晶体中进行剥离。插层物质可以减弱 2D-MOFs 纳米层之间的相互作用，因此可以高产率地获得超薄的 MOFs 纳米片。Zhou 等使用 DPDS(4,4′-联吡啶二硫化物)做插层剂首次合成了超薄的 MOFs 纳米片，DPDS 与金属离子的配位导致块状 MOFs 的层间相互作用减弱(图 3-1)。

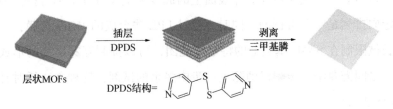

图 3-1　DPDS 做插层剂制备 MOFs 纳米片

3.1.4.2　溶剂热生长法

溶剂热生长法也叫水热合成法，它被定义为在衬底上发生了晶体的成核、生长和共生这三个过程，再将衬底直接浸入含有金属离子和有机配体作为溶质的生长溶液中，无需任何引晶过程。溶剂热生长法主要利用固体表面作为 MOFs 晶体生长/沉积的起点。MOFs 薄膜最简单的方法是溶剂热合成，将相应的底物放入 MOFs 溶液中，加热后 MOFs 在基底表面迅速生长。溶剂热生长是一种简便、高效、低成本的沉积方法，因此已被广泛采用。早在 2005 年，Fischer 等采用溶剂热生长法在—COOH 修饰的金基底上成功合成了 MOF-5 薄膜。

水热法合成 MOFs 薄膜是传统经典的方法，但是存在着许多的缺点，如制造过程不好控制，可能导致薄膜厚度无法调控和不能得到连续的薄膜，以及制备成本高等，限制了其在 MOFs 合成中的应用。

3.1.4.3 液相外延法(LPE)/层层自组装(LBL)法

液相外延法(Liquia-Phase Epitaxy, LPE)是一种通过自下而上调控制备高度取向和高结晶 MOFs 薄膜的方法，主要基于表面化学，也被叫作层层自组装(Layer-by-Layer, LBL)法。LPE 法功能化基底按顺序依次交替浸泡在金属溶液和有机配体溶液中通过化学吸附逐层生长，每浸泡一次，就使用溶剂(一般为乙醇溶液)清洗基底表面未完全反应的组分和发生物理吸附的组分，这样称为生长一层，在这种情况下，MOFs 由于有机配体和无机节点之间的顺序反应而生长，连续重复多层即可得到 MOFs 薄膜。LPE 法制备的 MOFs 薄膜也称为 SURMOFs，可通过 SAMs 基底的功能化来增加 MOFs 的成核和生长，并且能得到高度取向生长的 MOFs 薄膜。LPE 法具有许多明显的优点，如在一定程度上控制 MOFs 薄膜的取向和厚度可调节控制其生长方向、表面粗糙度低、高均匀性、结晶度高等。利用层层自组装可以使晶粒在载体表面上的成核和生长过程更加可控，因此实现晶粒的定向排列是十分可行的。同时，通过 LPE 法合成的 MOFs 薄膜，由于框架层的生长被限制在 SAMs 基底上的特定官能团，可以抑制互穿网络的形成。但是每个反应之间需要洗涤步骤以消除上一步中多余的试剂，这种方法耗时且需要密集劳动(图 3-2)。

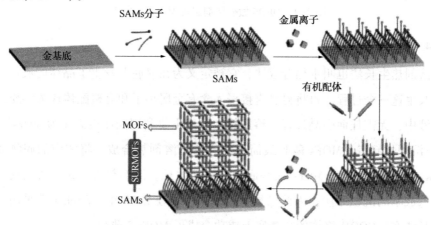

图 3-2　液相外延法层层自组装制备 SURMOFs 示意

金万勤教授课题组采用 LBL 法首先将多孔载体浸没于负载了具有电正性的 Cu^{2+} 金属盐溶液中，随后将涂覆有金属阳离子的载体浸没于电负性的对苯二甲酸配体溶液中，通过两者间的静电作用实现了超薄 HKUST-1 晶种层的原位制备。其次将制备的 HKUST-1 晶种层置于合成液中进行二次生长最终得到了厚度约为 $25\mu m$ 连续致密的 HKUST-1 膜。

3.1.4.4 原位生长法

原位生长法(in situ crystallization)也称直接生长法、原位晶种法，其合成过程主要是将未经修饰处理的多孔或致密的支撑体直接浸没于 MOFs 合成液中，于一定反应条件下使反应物在载体表面直接成核。由于晶体的成核和生长交联均在一个步骤中完成，因而具有操作简便、易于放大、经济成本低等优点。例如，Lai 等于 2009 年在 α-氧化铝载体上采用原位溶剂热的合成方法成功制备出了致密连生的 MOF-5 膜。Liu 等于 2012 年通过原位溶剂热生长法在六钛酸钾 (KzTi6O13)载体上制备出了连生的 Cu-BTC 膜。Lai 等在未经任何表面修饰的多孔 α-氧化铝载体上制备了连续的 ZIF-69 膜等。

赖志平教授课题组最早采用原位合成法在未经修饰处理的多孔氧化铝载体表面一步制备得到了厚度约为 $25\mu m$ 连续的 MOF-5 多晶膜。通过 XRD 和 SEM 等基础测试证明了膜的成功制备。通过对从母液中获得的晶体进行 BET 测量，得出 Langmuir 表面积为 $2259m^2/g$，孔径分布在 $1.56nm$ 处。通过氢气、甲烷、氮气、二氧化碳和六氟化硫等气体的渗透数据可知，上述气体通过 MOF-5 膜的扩散遵循努森扩散过程，尽管膜层厚度较大，但 MOF-5 膜依然表现出了超高的氢气渗透性能。同时在 MOF-5 膜的合成过程中发现 MOFs 膜的制备与沸石分子筛膜的合成具有较大区别，其中 MOFs 材料因其自身骨架中配体的有机属性而表现出在无机陶瓷载体表面较差的异相成核能力。Caro 教授课题组结合在沸石分子筛膜合成中引入高能量的微波辅助可以强化沸石成核过程的相关经验，将微波辅助成核法应用于 ZIF-8 膜的合成并在多孔的二氧化钛载体表面制备得到的高度连续致密且厚度约为 $35\mu m$ 的 ZIF-8 膜(图 3-3)。微波辅助合成法为表面化学性质惰性的 MOFs 膜合成提供了新的思路。

图 3-3　微波辅助成核法制备 ZIF-8 膜的 SEM 图像

3.1.4.5　载体表面修饰法

对载体进行化学修饰可以显著促进 MOFs 晶体的异相成核,实现晶体连生。例如,Huang 等使用聚多巴胺(PDA)作为共价连接剂修饰多孔氧化铝和不锈钢网载体,成功制备出了生长良好的 ZIF-8 膜(图 3-4)。其中,PDA 可以与锌离子螯合,有力地促进了 MOFs 晶体的异相成核和生长。随后,又有研究者引入 3-氨基丙基三乙氧基硅烷(APTES)作为共价连接剂,制备了包含 ZIF-7、ZIF-8、ZIF-22 和 ZIF-90 等在内的多种 MOFs 膜。Carol 等采用尿素水解的方法制备了 Zn-Al-CO₃ 双氢氧化物(LDH)缓冲层,然后在 Zn-Al-CO₃ LDH 缓冲层修饰的载体上采用原位晶化法分别制备了致密的 ZIF-7、ZIF-8 和 ZIF-90 膜。

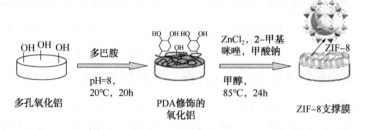

图 3-4　PDA 改性氧化铝载体制备 ZIF-8 膜的过程示意

3.1.4.6　晶种法

不同于原位法一步反应过程,晶种法通常将结晶与生长两个过程分开。首先通过调控合成液配比优先获取尺寸均匀的纳米级晶粒,其次以旋涂、浸涂或者其他物理方式将纳米级尺寸的晶粒平铺于载体表面制备得到均匀的晶种层。随后以制备得到的晶种层为生长中心在新鲜配制的合成液中进行二次生长促使纳米级晶种充分交联形成致密共生的膜层结构。晶种法可以通过调控二次生长条件实现膜层的可控生长，可以获得更为连续均匀的膜层结构。制备连续均匀且厚度较薄的晶种层对于获取超薄且致密的膜层结构至关重要。为获得较为致密和连续的晶种层，有旋涂、浸渍-提拉、逐层自组装法以及界面动态组装等方法，其中旋涂和浸渍-提拉法较为成熟。

3.1.4.7 电化学沉积法

电化学沉积法包括通过电化学反应或电泳诱导在电极上形成 MOFs，是一种操作简单、反应条件温和的制备金属有机框架薄膜的方法。电化学沉积法具有合成时间短、操作难度小、反应条件不苛刻等优点。电化学沉积包括阴极沉积、阳极沉积和电泳沉积这三大类。阳极沉积是使用金属阳极作为金属源以形成 MOFs。在该方法中，金属电极氧化并且所得离子与电解质中存在的配体反应，从而导致在电极上形成 MOFs 膜。阴极沉积是通过将金属盐和配体置于电解质中来诱导 MOFs 的阴极电沉积。在该方法中，阴极上生成的羟基离子（由于析氢反应）使有机配体去质子化，这最终导致 MOFs 膜的形成。电泳沉积这一方法是通过电泳沉积胶体稳定的带电 MOFs 纳米颗粒在基底上形成 MOFs 膜。

在电化学方法中，主要以导电金属基底、TTO（氧化铟锡）导电玻璃、FTO（掺氟氧化锡）导电玻璃、金属网（如泡沫镍）等作为薄膜负载的固体基底。基底的表面通过改性可以锚定金属或金属氧节点和有机配体，以促进 MOFs 薄膜在基底上均匀成核和生长。

3.1.4.8 反扩散法

王焕庭教授课题组首次以聚合物尼龙为支撑体，分别将金属盐和配体溶液置于载体两侧，利用浓度差诱导两相介质在多孔支撑体内进行对流扩散。由于金属 Zn^{2+} 扩散速率较慢而导致有机配体一侧因金属盐浓度较低而未能充分生长形成致密的 ZIF-8 膜。相反，在金属盐一侧由于配体的快速渗入诱导了 ZIF-8 在室温条件下的成核与快速结晶生长，最后在载体表面制备得到了厚度约为 $16\mu m$ 的 ZIF-8 膜。此外，载体孔内渗入的 ZIF-8 晶粒也在一定程度上增强了聚合物载体与 ZIF-8 层之间的结合力，提高了膜层机械强度。

基于静态液相自扩散而发生的原位结晶过程，由于聚合物支撑体两侧的金属盐与配体的浓度难以实现优化控制，导致最终形成的膜表面 ZIF-8 晶粒并未致密交联，难以表现出优异的气体分离性能。Brown 等在上述工作基础上采用流动循环体系优化了界面扩散合成过程。两相合成液在流动状态下通过多孔载体进行自由扩散并迅速成核结晶，由于合成液循环流动体系而维持了载体两侧原料浓度的恒定，这也促进了载体表面 ZIF-8 的稳态结晶与生长。该合成方法最终在 PAI 中空纤维管内表面实现了 ZIF-8 膜的可控连续制备，并在载体纵向维度上实现了膜层厚度的可控调节。

3.1.4.9　其他制备方法

同源金属诱导法以无机载体自身结构中的金属组分为 MOFs 生长的金属源，通过与外加配体在一定条件下反应在载体表面原位生成 MOFs 晶核并诱导其结晶生长。与外加晶种法不同的是，同源金属诱导法减少了晶种合成步骤。由于与载体自身具有相同金属源，因此相比于直接原位生长法具有更强的异相成核能力并能增强膜层与载体。

后合成修饰法 MOFs 表面丰富的官能团赋予其结构较高的可修饰性，表面官能团的修饰不仅可以调变 MOFs 自身表面化学性质，还能通过官能团结构变化对材料孔道结构实现精细调控。

MOFs 多晶膜在合成过程中不可避免会产生少量微小的晶间缺陷，极大地降低了膜层气体渗透分离性能。Caro 教授课题组以 ZIF-90 膜为例，以乙醇胺为修饰剂通过亚胺缩合反应对 ZIF-90 表面的咪唑-2-甲醛配体进行了支链化后修饰处理。经氨基化官能团后修饰的 ZIF-90 膜因自身膜层结构缺陷的修复而表现出了降低的气体渗透性能。同时，后修饰的 ZIF-90 膜对于小分子 H_2/CO_2 的分离选择性显著提升，基于 ZIF-90 自身较大的孔径尺寸(0.34nm)推测氨基化后修饰一定程度上增加了配体的空间位阻而缩小了 ZIF-90 膜的实际分离孔径。

MOFs 材料在合成过程中发展的"single crystal to single crystal"法为延伸 MOFs 结构的多样性提供了新的思路。基于上述原则，一系列具有类似结构的 MOFs 可以通过简单的金属中心离子或者配体分子的置换策略实现不同材料间的快速转化以及复合结构制备。Tsapatsis 及其同事报道了一种采用蒸气配体交换策略实现了 ZIF-8 膜骨架结构的调控。该研究以具有相同 SOD 拓扑结构 ZIF-7 中的苯并咪唑配体在全气相条件下对 ZIF-8 骨架中的 2-甲基咪唑配体实现了定量置换，苯丙咪唑配体的取代增加了 ZIF-8 的配位空间位阻,较大的苯并咪唑环减小了 ZIF-8 实际孔径尺寸。经配体后交换的 ZIF-8 膜表现出极高的 H_2/CH_4 分离性能,其有效分离孔径由 0.40nm 显著降低至 0.38nm 以下。上述简单的后修饰处理策略为调变 MOFs 膜孔径尺寸以及拓展其在气体分离中的应用开创了新的思路。

3.1.5 MOFs 膜材料的表征

MOFs 薄膜的表征旨在分析其成分结构,表征的参数是用来评估薄膜质量的有力证据。根据表征的结果进而优化实验方案也是制备高质量薄膜的有效途径之一。

3.1.5.1 采用 SEM 定性表征薄膜的形貌和结构

采用 SEM 对 MOFs 薄膜进行形貌和结构的定量分析:SEM 通过发射电子能量束轰击样品表面,从而激发出样品表面结构的物理信息形成样品的表面放大图像,来观察 MOFs 薄膜的致密性和有序性。

3.1.5.2 采用晶体择优取向 CPO 法定量表征薄膜的取向性

众所周知,CPO 指数方法可以用于量化薄膜的取向度。该方法是指对比随机取向粉末的 XRD 图,如果薄膜衍射图中与晶体的一个或多个特定取向有关的一组或多组衍射峰明显强于其余峰,则表明样品中的取向分布偏离随机。例如,XRD 图中(001)衍射峰很强,而图谱中其他衍射峰强度很弱或不存在。在这种情况下表明该多晶薄膜的大多数晶体的晶体学 c 轴接近层平面的法线,因此称为 c 轴 CPO。另一个示例是衍射图中(h00)衍射峰占优势,被称为 a 轴 CPO。此外,也有混合 CPO 的情况,如果 XRD 图谱中出现两个主衍射峰,则称为混合轴 CPO。在 CPO 的情况下,仅基于薄膜的 XRD 衍射图可能无法唯一地识别薄膜中晶体的结构类型,因为只能检测到有限数量的衍射。原则上,薄膜材料应与基底分离,研磨成粉末后再次测量 XRD 图谱,对比薄膜和随机取向的粉末衍射图以验证薄膜结构类型。CPO 法的公式如下:

$$\mathrm{CPO}_{hkl/h'k'l'} = \frac{\left(\dfrac{\mathrm{I}_{hkl}}{\mathrm{I}_{h'k'l'}}\right)layer}{\left(\dfrac{\mathrm{I}_{hkl}}{\mathrm{I}_{h'k'l'}}\right)powder} - 1$$

式中：I_{hkl} 和 $I_{h'k'l'}$ 分别是随机取向的粉末和取向薄膜样品的 XRD 图中(hkl)晶面衍射峰和($h'k'l'$)衍射峰进行背景校正后的高度值。依据图 3-5 中 IRMOF-1 薄膜和粉末的 XRD 图谱衍射峰数据以及公式可以计算出 IRMOF-1 的 CPO 指数约为 26，显示出(220)面外取向。

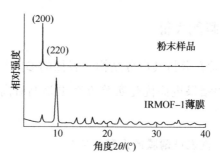

图 3-5　IRMOF-1 粉末 XRD 图(上)和薄膜的 XRD 图(下)

(hkl 指数表示 CPO 指数计算中使用的峰)

3.1.5.3　采用台阶仪表征薄膜的表面粗糙度

台阶仪通过记录触针垂直方向上的位移，从而测量出薄膜的厚度。当触针从基底划过薄膜表面时，触针会检测到一个高度差并向上移动，此时仪器内部的传感器电压发生变化，根据该电压变化就能计算出薄膜的厚度。由于其具有较好的垂直分辨率，所以也常被用来表征物体表面的粗糙程度。

3.1.5.4　薄膜的偏振发光特性

对于各向异性物理性质重要的领域，如传感、微电子和光学，需要宏观有序的 MOFs 薄膜。为此，本书将有机染料分子引入孔道规则有序的 MOFs 膜的晶体平面，并记录对偏振光的响应。荧光光谱分度计用正常照射条件的激光照射样品，样品发射出来的光经起偏器后被接收，通过转动起偏器调节光的偏振方向，分别找到样品垂直和平行偏振片的发光谱。

3.1.5.5　气体分离性能

气体分离膜主要根据混合原料气中各组分在压力的推动下，通过膜的相对传递速率不同来实现分离。膜材料的结构和化学性质不同，气体通过膜的传递方式也就有所差别。根据膜的不同结构，目前常见的气体分离机理主要有：气体透过多孔膜的微孔扩散机理和气体透过致密膜的溶解-扩散机理。其中微孔扩散机理又包括努森扩散、表面扩散、毛细管凝聚和分子筛分。

膜的气体分离表征方法主要有单组分气体渗透检测和混合气体分离检测两种。这里先简要地对评估膜材料性能的参数(气体渗透通量以及选择性)的计算方法加以说明。

气体分离测试:透过率(J)指的是在单位压差(Pa)和单位时间(s)下,单位膜面积(m^2)上通过膜孔道的气体的流量$[mol/(m^2 \cdot s \cdot Pa)]$。对于单组分气体来说,两种不同气体对同一膜的透过率之比即为该膜对这两种气体的理想分离因子(α):

$$\alpha = \frac{J_a}{J_b}$$

对于双组分混合气体体系来说,如果两种气体分别为 A 和 B,气体在透过膜前后的摩尔分数分别为 X 和 Y,那么膜对这两种气体的分离因子 α 可以用下式表示:

$$\alpha_{A/B} = \frac{\dfrac{Y_A}{Y_B}}{\dfrac{X_A}{X_B}}$$

对于努森扩散来说,更多考虑的是气体分子只有和孔壁之间的碰撞的理想状态,此时两种气体的分离因子可按下式计算:

$$\alpha_{A/B} = \sqrt{\frac{M_B}{M_A}}$$

可以看到在这种情况下,不同组分的分离因子与气体分子的摩尔质量的平方根成反比。也就是说,努森扩散的速率与分子摩尔质量的大小有关。因为气体分子的摩尔质量一般比较接近,所以努森扩散的选择性并不高,但是可以用作衡量膜质量高低的一个标准。

气体分离测试的装置如图 3-6 所示。活化好的膜首先被固定密封于膜组件之中,从膜组件的一端进入的测试气体,有一部分会透过膜,没有透过的部分会被排出。同时将载气通入膜组件的另一端,将渗透过膜的气体分子吹扫进色谱仪进行分析,依据同条件下测定的标准曲线即可以得到不同气体占气体总体积的百分比,从而计算出分离因子。每种气体的流量可以通过质量流量式进行控制,并通过皂膜流量计进行流速（mL/s）的测定，在读取压力表示数（Pa）和计算出膜的有效面积（m²）后可以得到每一种气体的透过率[mol/（m²·s·Pa）]。

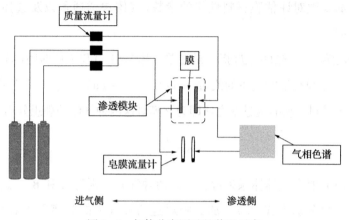

图 3-6　气体分离测试的装置示意

MOFs 的化学分离过程主要基于以下两种原理：吸附分离和动力学分离。吸附分离过程主要依托于骨架材料与特定的待吸附分子之间的相互作用。一般来说，选择性和透过性是操控膜分离过程的两个主要的因素。一方面，低选择性必然需要多步的分离过程，进而增加了操作复杂性和生产成本；另一方面，低透过性会造成膜组块的使用频率增多，产率较低。选择一种孔径大小适中且满足高透过性、高选择性的膜材料，对实际气体分离应用至关重要。

3.2　COFs 膜的研究进展

3.2.1　COFs 膜概述

1916 年，路易斯提出一种新的化学键理论——共价键理论。路易斯在 1916 年的论文《原子与分子》和 1923 年撰写的专著《价键及原子和分子的结构》中提出了甲烷、乙烯等有机物的电子结构式，他开创性地提出了共价键理论和有机物的电子结构式，解释了之前化学理论解释不了的事实，对化学键理论的发展起到了重要作用。之后近百年由共价键形成的各类化合物层出不穷，但一直没有晶态有机框架材料被报道，直到 2005 年，Yaghi 和他的同事报道了第一例共价有机框架（Covalent Organic Frameworks，COFs）材料：COF-1 和 COF-5，如同 MOFs 系列命名一样，Yaghi 课题组对 COFs 的命名也是 COF-x 系列。COF-1 是二维六方的平面拓扑，层之间采取 AB 堆积方式，COF-5 也是二维六方的平面拓扑，层间采取完全重叠的 AA 堆积模式。它们是由纯粹的有机基团通过共价键相互连接在一起形成的具有结晶性的多孔材料。随着 COFs 的出现，有机分子通过轻元素(硼、碳、氮、氧和硅等)共价键连接产生了结晶的多孔材料，共价键的化学扩展到二维和三维框架。COFs 是一类新型多孔结晶材料，具有规则孔道、较低的密度、超高表面积等一系列优点，所以人们也把它们称作"有机沸石"，并且 COFs 具有可调节的孔道尺寸和化学环境、易于定制和功能化。这一晶态多孔材料进入研究者视野，并且迅速引起研究热潮，目前 COFs 在气体吸附、分离、催化、储氢等领域有了广泛应用(图 3-7，图 3-8)。

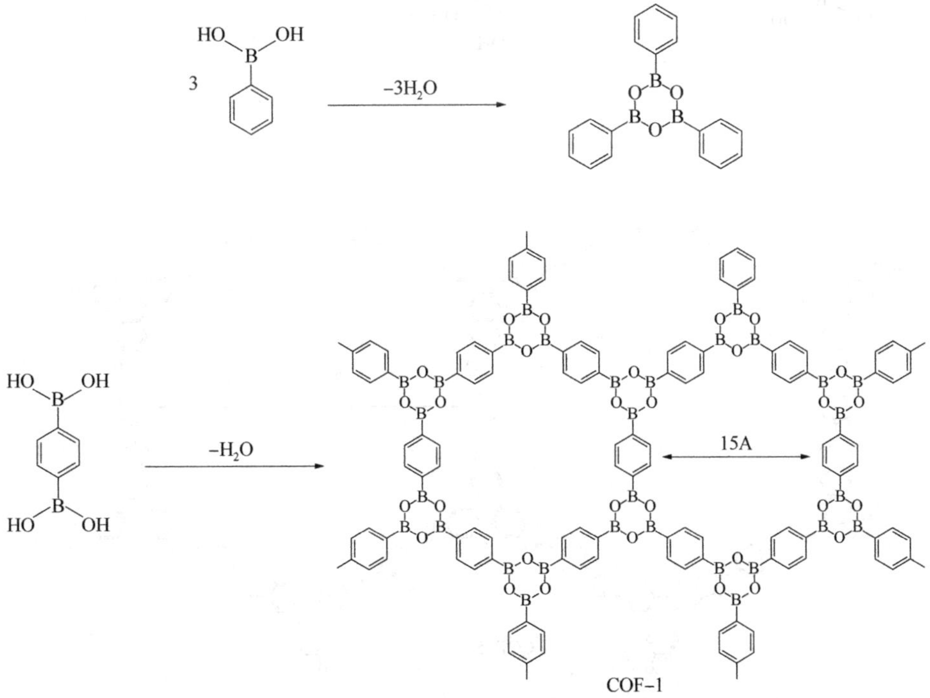

图 3-7 COF-1 制备流程结构示意

同为框架材料，COFs 与 MOFs 材料有许多相似之处，对它们结构进行描述的方法基本都采用描述无机沸石的方法——拓扑结构。拓扑结构可以将此类高度有序的结构抽象为拓扑网络。对于 COFs 材料来说，建构单元(building blocks)均

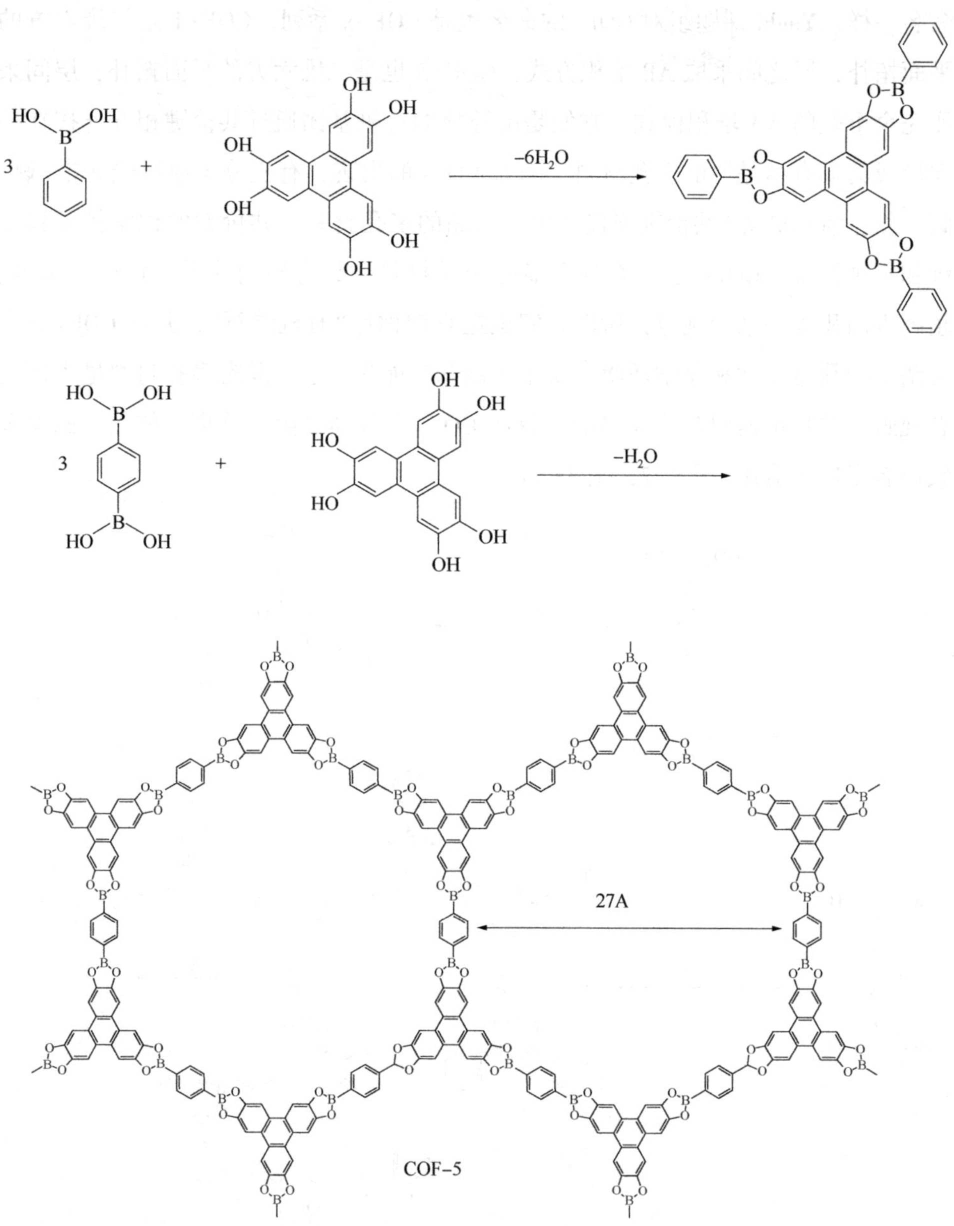

图 3-8 COF-5 制备流程结构示意

为有机分子，这些有机建构单元通过强共价键连接成有机框架网络结构。拓扑的
网络结构的标记一般分为两种，一种是具有分子筛拓扑网络的采用三个大写字母
来表示，如 SOD 代表的是方钠石网络；另一种是具有其他网络结构的我们一般

采用 RCSR(reticular chemistry structure resource)来进行描述,即使用三个小写字母来表示,常见的一些如 dia 代表金刚石网络结构,pcu 代表简单立方结构等。有了拓扑的概念,我们可以方便地描述和理解 COFs 化合物的框架结构,而且可以根据建筑单元结构、长度、大小的不同来对 COFs 结构进行设计,这一方法被 Yaghi 概括为"网格化学"(reticular chemistry)。

COFs 材料按照拓扑结构可以分成二维和三维 COFs。在二维 COFs 中,单体通过共价键连接在平面内形成层状结构,层与层之间通过 π-π 作用形成共轭体系,同时也形成一维的孔道,其孔道大小和形状与层间的堆积方式密切相关。此类材料可以借助层间相互作用,堆叠形成具有高结晶性、高稳定性及高比表面积的周期性结构。由于二维 COFs 具有特殊的结构特征,其构筑单元的组成及结构有着较大的灵活可控性,不同于其他材料,其设计原理及合成策略也有着自身的特征。经过近 20 年的发展,已有诸多不同结构的 COFs 被开发出来,其中大部分以二维 COFs 为主。对于三维 COFs,单体通过共价键无限延展,形成具有规整、周期性结构的框架。与二维 COFs 不同的是,三维 COFs 在三维空间延展的时候,容易形成较大的笼状空腔,而单体可以在空腔里继续反应,向外生长,从而使得三维 COFs 往往得到的是多重穿插的结构。

COFs 材料根据研究单体结构的不同可分为几个系列:硼系列 COFs、三嗪系列 COFs 和亚胺系列 COFs。目前随着 COFs 单体复杂性研究更加深入,手性 COFs 材料 CCOF-x 系列和特殊的三维 COFs 材料 JUC-x 系列等 COFs 被合成出来。

COFs 的命名和 MOFs 一样,除各个研究机构为代表的 COFs 外,大部分为其构筑单体的首字母组合而成。以下总结了各种 COFs 的命名规则,以供参考。

COF-x 系列:Yaghi 课题组使用的命名,比如最早的 COFs 命名为 COF-1 和 COF-5。

COF-LZU-x 系列:兰州大学王为课题组使用。

SIOC-COF-x 系列:有机所赵新课题组使用,并不是所有 COFs 都按这个规则命名,该课题组也有大量的 COFs 命名采用单体首字母组合,如 COF-TTTA-TPTA 等。

CCOF-x 系列:手性 COFs 代号,上海交通大学崔勇课题组使用,目前的 CCOF-1 到 CCOF-8 均发表在 *JACS* 上,CCOF 系列命名特指构筑单体本征具有手性的 COFs。该课题也报道一些修饰或者诱导方式得到的手性 COFs，然而并没有使用 CCOF-x 的代号。

JUC-x 系列：吉林大学方千荣等课题组使用，主要做三维 COFs，以及新的连接类型的 COFs。

CIF 系列：由氰基共聚得到的含三嗪的有机框架材料。

3.2.2 COFs 结构设计

根据网格化学理念可以定向设计 MOFs 和 COFs 材料结构，但是对于 COFs 材料来说，其建构单元之间是通过共价键连接而成，这样比建构单元通过配位键而形成的 MOFs 材料所需要的条件严格得多。COFs 材料在设计合成时可以从三个方向进行，即拓扑结构设计、孔隙大小设计以及功能化设计。

目前 COFs 材料的拓扑结构都可以预先通过 MS 等软件进行设计，如图 3-9 所示，这是自 2005 年第一次合成 COFs 以来最为经典的几种 COFs 拓扑结构，根据不同的构筑单元经过几何匹配连接而成的具有不同结构和孔道大小的多边形框架。而我们所选取的构筑单元需要具有特定的刚性和几何形状，这样才可以使得 COFs 材料通过一系列的连接生成具有周期性的结构。

到目前为止，所报道的拓扑结构主要有六边形、三角形、四边形、菱形以及笼形(图 3-10)，根据建筑单元的对称性，可以分为 C_2、C_3、C_4 和 C_6 对称单元。例如，C_6 和 C_2 连接而成的拓扑结构为三角形结构，并且具有最高密度的 π 单元和最小的孔道，一般而言，在 COFs 材料中，三角形孔道都属于微孔孔道；C_6 和 C_2 连接而成的拓扑结构将会沿着 x 和 y 方向以相同的间隔大小不断延伸形成矩形孔道，并且这种独特的矩形拓扑结构已经被开发运用于多种 π 共轭体系；C_2 和 C_2 连接而成的拓扑结构为菱形结构，这是由于 C_2 对称构筑单元的角度对最终多边形结构的形成起了决定性的推动作用，从而可以形成两种不同的拓扑结构——双孔笼形与单孔菱形；部分 C_2 对称单元的自身缩合或 C_3 对称单元与 C_2 或 C_3 对称单元的共缩合连接而成的拓扑结构可为六边形结构，另外还有两种不同的 C_3 对称构筑单元与一个 C_2 对称直链进行交替占据顶点的方式合成双级体系的新型六边形 COFs 材料，这使得定制所需框架形状和孔径大小成为可能。

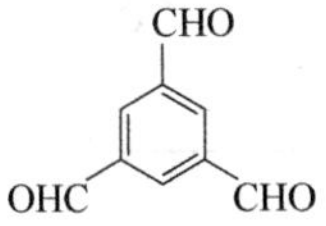

1.BTA/TFB 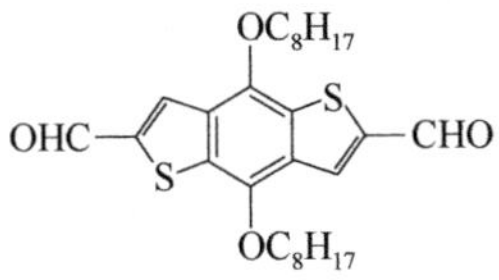   2.BDTA 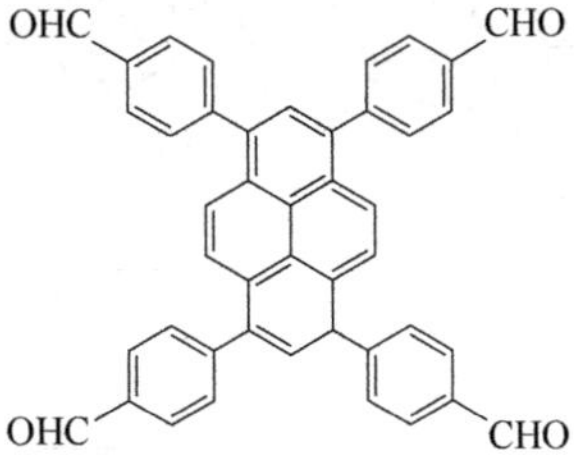   3.TFPY 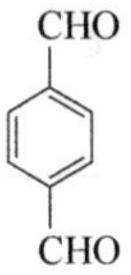   4.Tpta

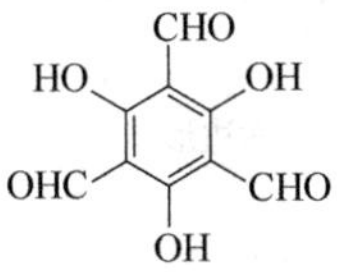

5.TFP/Tp 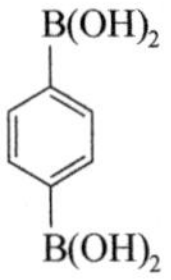   6.PBBA 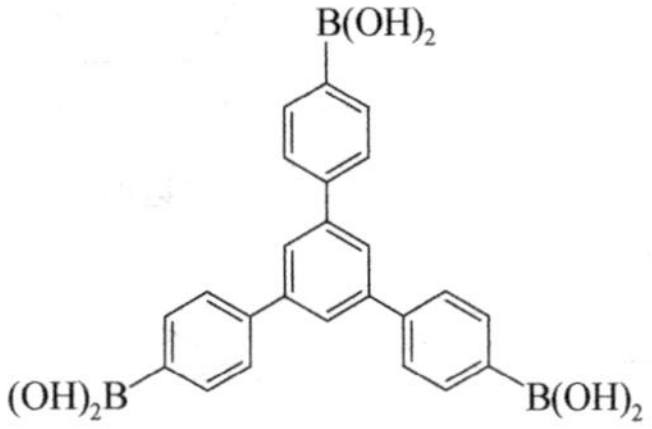   7.BTPB 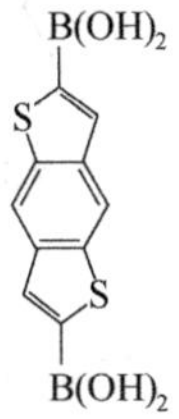   8.BDTPA

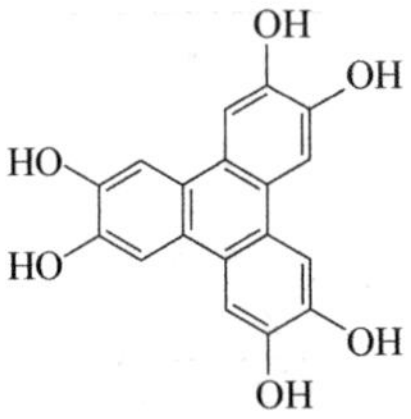

9.HHTP 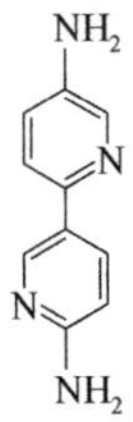   10.Bpy 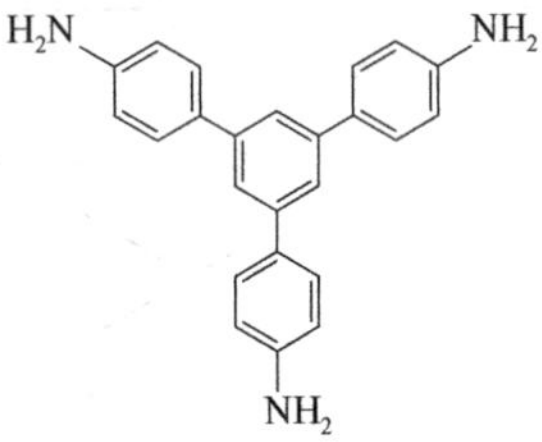   11.TAPB 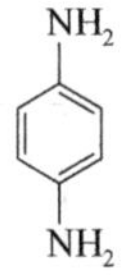   12.DAB

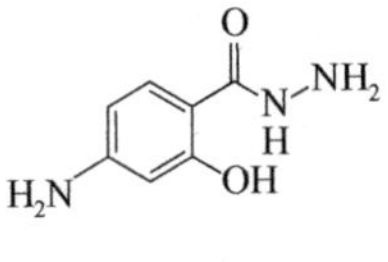

13.ASH 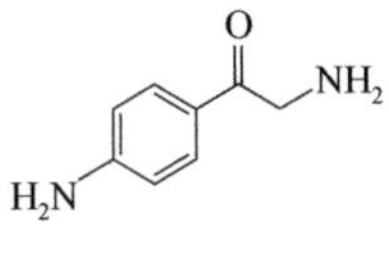   14.APH 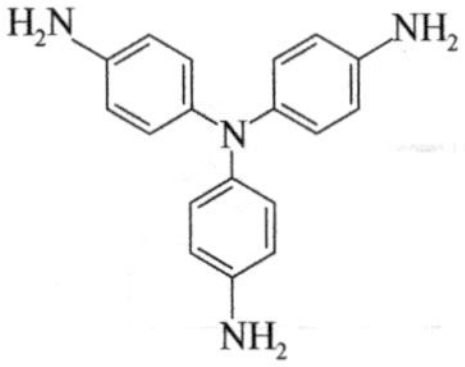   15.TAPA

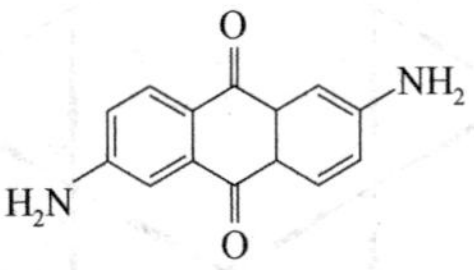

16.Da 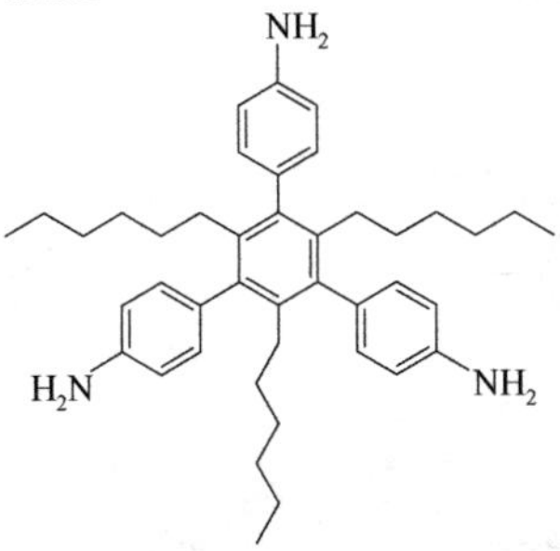   17.TTAPB

图 3-9 常见的 COFs 反应单体

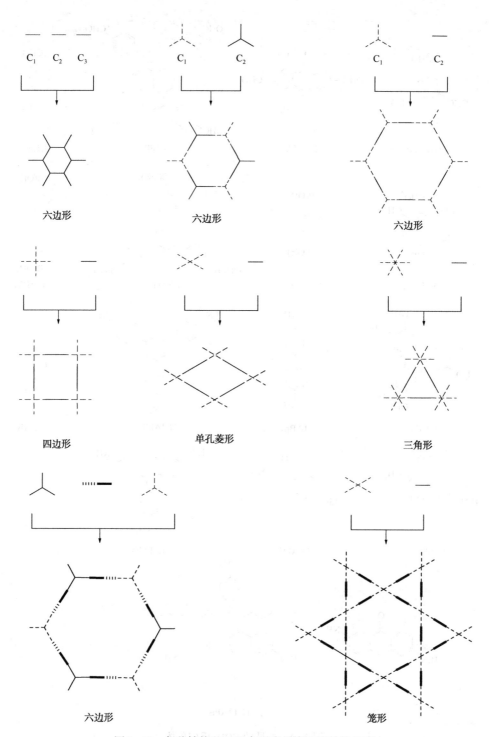

图 3-10　各种结构基元组合形成的多边形结构示意

3.2.2.1 COFs 材料孔道大小的设计

构建 COFs 材料的时候，首要的就是考虑其构筑孔道的结构。与其他多孔材料一样，COFs 材料相对应的共价有机聚合物的合成策略也适用于 COFs 材料的合成。大多数 COFs 材料是通过刚性构筑单元的聚合进而拓展为无限延伸的多孔框架制备得到的，其孔隙大小是由构筑单元的长度决定的。一般来说，随着构筑单元尺寸的增大，COFs 具有更大的微孔和孔窗尺寸。对于用于分离用途的 COFs 材料来说，理想的孔隙尺寸应该介于两种被分离物质的分子动力学直径之间，这使得膜具有精确的分子筛分，从而具有更高的分离选择性。控制 COFs 材料孔道的方法主要有两种：一种是对构建单元分子进行设计，另一种是使用模板剂的方法来控制孔道大小。

然而，在孔道设计时我们不能仅仅考虑到构筑单元的大小和拓扑结构，对于二维 COFs 材料来说，除了主要考虑重叠(AA)堆积(如 COF-5)，最终孔道还可能为错层(AB)堆积(如 COF-1)，一般来说 AA 堆积结构孔径会比 AB 堆积孔径大。而建立三维 COFs 材料的有孔结构至少需要一个三维的构筑单元，同时，三维 COFs 材料构建主要考虑其穿插与否，一般而言，无穿插的三维 COFs 材料比穿插的三维 COFs 材料孔径要大，而且相对密度较小。

3.2.2.2 COFs 材料功能化的设计

拓扑结构设计和孔道大小设计主要针对 COFs 材料设计中的周期性和多孔性进行设计，那如何设计 COFs 材料的功能化的基团，如何将官能基团引入 COFs 材料中呢？这一部分也是 COFs 材料功能化非常重要的一环。为了达到这一目的，目前主要采用两种方法来实现：直接修饰法和后修饰法。其中直接修饰法，顾名思义是将带有官能基团的直链单元与构筑单元通过共价键或配位键的方式直接合成功能化的 COFs 材料。后修饰法是通过后修饰的方法成功合成所需功能化的 COFs 材料，其基本操作是先合成直链带有可以取代基团的 COFs，再将最终所需功能基团与该 COFs 反应，取代直链上的基团，从而使该 COFs 材料带有所设计的功能基团(图 3-11)。

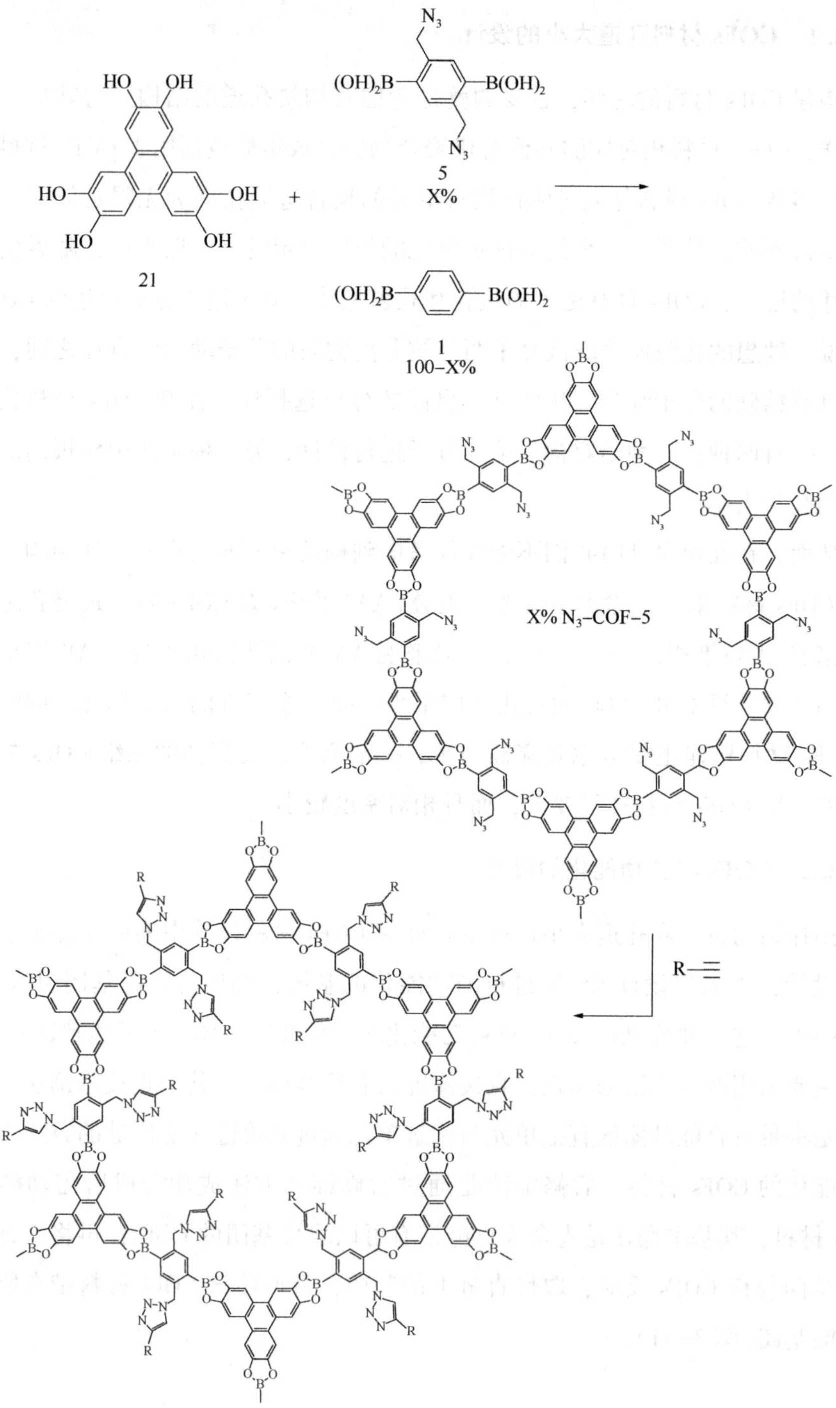

图 3-11 在孔表面后修饰得到功能化 COFs 材料(以功能化修饰 COF-5 为例)结构示意

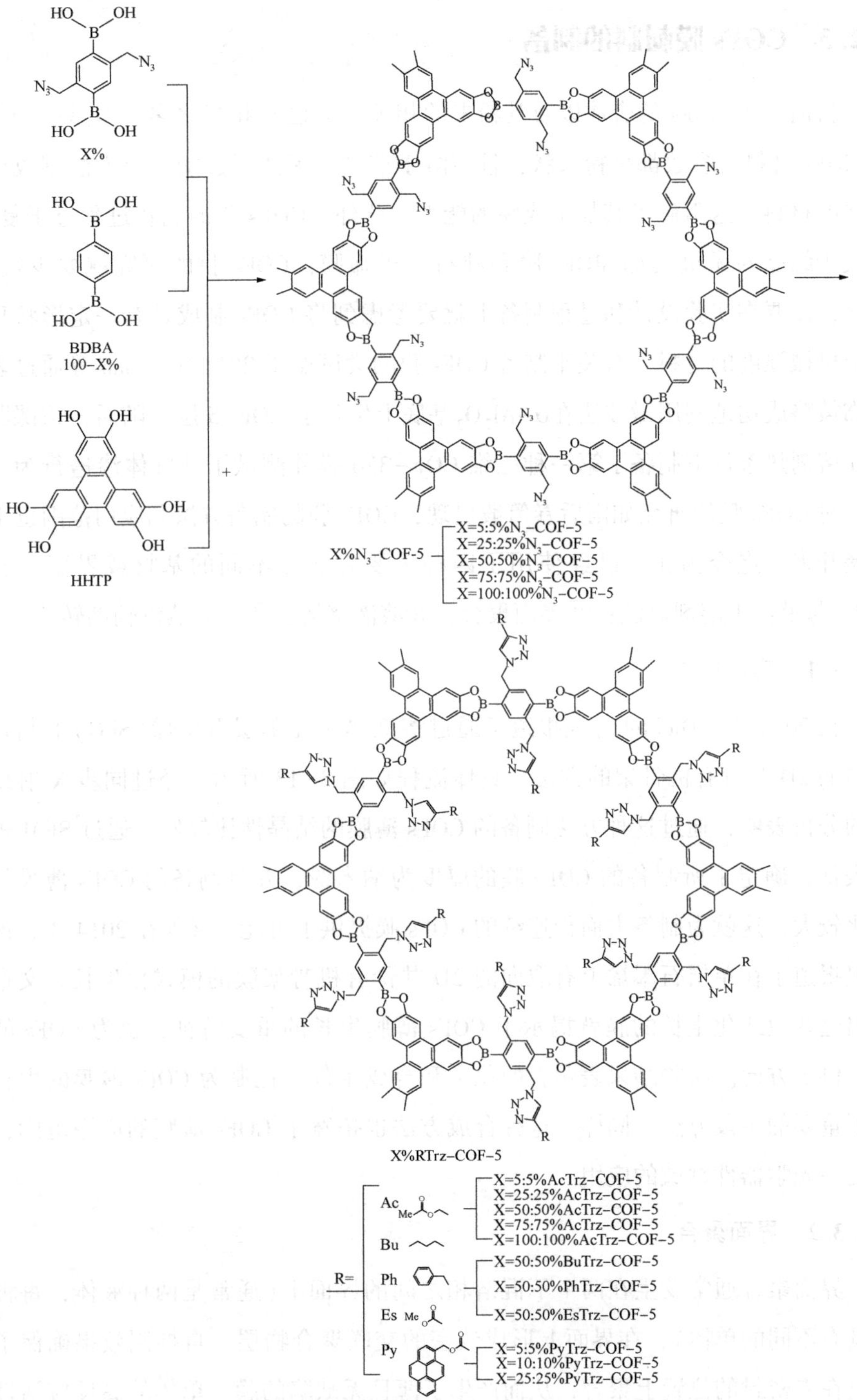

图 3-12 缩合反应和点击化学结合的表面工程调节 COFs 材料孔隙

3.2.3 COFs 膜材料的制备

目前对于 COFs 的合成以及其粉末的相关研究已经相当之多,但是由于合成的 COFs 材料大多数都呈粉末状,且不溶于溶剂,无法通过加工等方法制成一定形状的材料,这阻碍了其加工成膜的能力。此外,COFs 膜的制备过程过于复杂。相较于结晶的无机膜如 MOFs 膜和沸石分子筛膜,COFs 膜的研究就要少很多,因此,需要在实验设计和过程制备上就要考虑到将 COFs 制成具有一定形状且有一定机械强度的材料。有关于制备 COFs 膜的尝试始于 2014 年,Gao 等通过表面修饰策略成功地利用微波法在 $\alpha-Al_2O_3$ 基底上生长了 COF-5 层。随后,该课题组又在溶剂热条件下制备了第一种三维 COF-320 膜并测试了其气体渗透行为。此后,对 COFs 膜的研究如雨后春笋般出现,COFs 膜的制备方法和应用范围也不断发展开来。迄今为止,已经使用了四种主要方法在不同的基材或界面上制备 COFs 薄膜:①溶剂热法;②界面聚合;③溶液浇铸;④室温蒸汽辅助转化。

3.2.3.1 溶剂热法

在 2011 年,Dichtel 等人报道了通过溶剂热法在单层石墨烯(SLG)上制备有取向的 2D 共价有机骨架的方法,具体流程如图 3-13 所示。经过同步 X 射线衍射的分析表明,通过这种方法制备的 COFs 薄膜的结晶性比较好。通过 SEM 进一步表征,确定了所制备的 COFs 膜的厚度为纳米级,并且制备的 COFs 薄膜的面积比较大,这就为制备大面积连续的 COFs 膜提供了可能。又如在 2014 年,该研究组报道了在单层石墨烯上有取向的 2D 共价有机骨架膜的模式化生长。文章中指出这些模式化生长的膜就揭示了 COFs 薄膜生长的重要特征,也为 COFs 的合成提供了方向。实验结果表明表面化学和合成条件的控制为 COFs 薄膜的生长提供了重要的手段方法。同样,这种合成方法也拓宽了 COFs 薄膜的应用范围,尤其是在光学器件领域的应用。

3.2.3.2 界面聚合

界面聚合通常发生在两个不混溶相之间的界面上(通常是两种液体,每种液体具有不同的单体),在界面上形成致密的交联聚合物层。自抑制效果确保了单体只在未密封的位置上聚合,从而产生了薄且无缺陷的膜。单体的高反应活性是

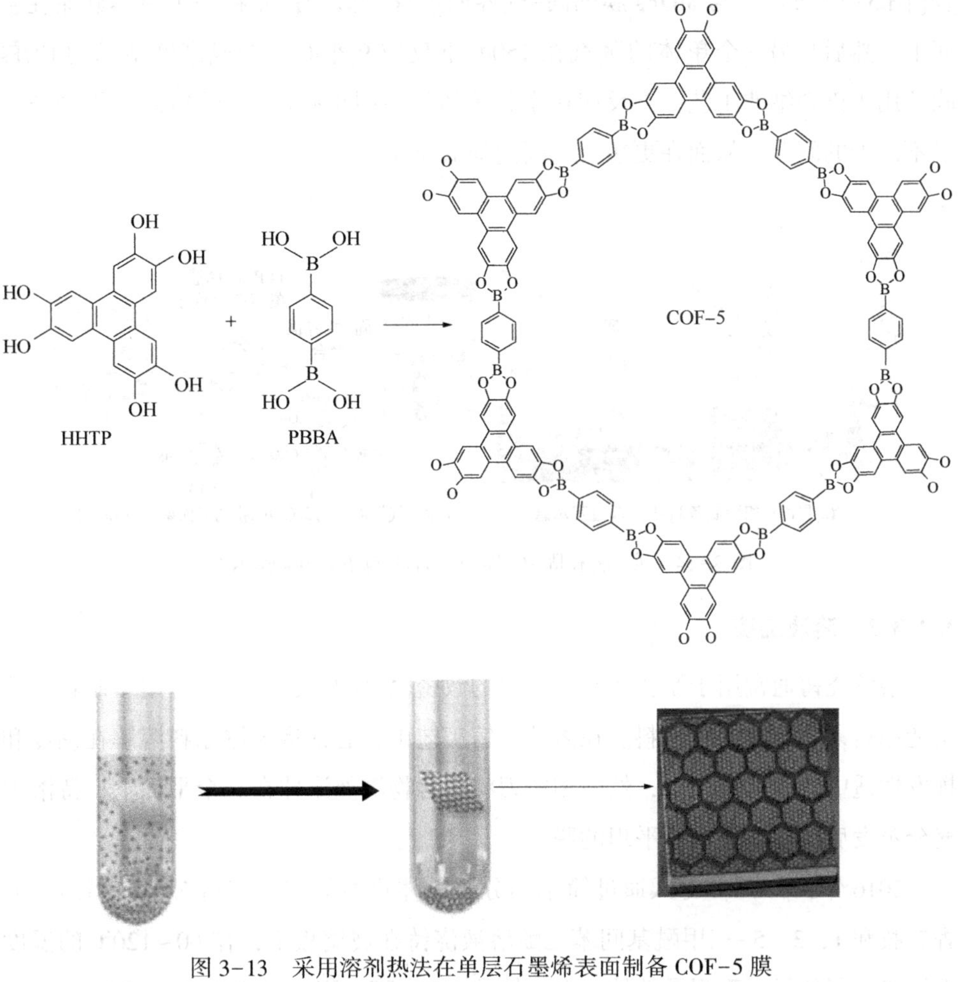

HHTP + PBBA → COF-5

图 3-13　采用溶剂热法在单层石墨烯表面制备 COF-5 膜

（管底沉淀粉末为 COF-5 的粉末）

界面聚合的必要条件，直接影响聚合速率。

2017 年，Banerje 等报道了第一种界面组装法制备的 COFs（Tp 系列，Tp：1，3，5-三甲酰基间苯三酚）膜［图 3-14（a）］。将两种单体 Tp 和二胺分别溶解于二氯甲烷和水中，在液-液界面处聚合并转移到载体上，聚合前，对甲苯磺酸（PTSA）与胺反应生成盐。PTSA-胺中氢键的存在降低了胺类有机链的扩散速率，且反应速率受热力学控制。然而，这种传统的界面聚合方法想要使 COFs 膜达到一定的结晶度，必须有足够的反应时间，而这样可能导致形成的膜较厚。为了减少反应时间和膜厚度，Jiang 等报道了在固-气界面上制备 COFs 膜的界面聚合过程[图 3-14(b)]。与 MOFs 膜的固-气界面过程相似，首先将一个单体旋涂在基底上，然后与另一个单体的蒸汽在 150℃下反应 9 小时，形成高度结晶的 COFs 膜并用于染料纳滤工艺。高反应速率和单体静态固相有助于克服 COFs 聚合与结晶不匹配的问题，从而在更短的时间内降低膜厚度。

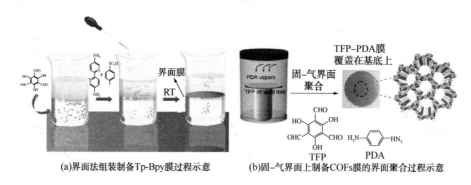

(a)界面法组装制备 Tp-Bpy 膜过程示意　(b)固-气界面上制备 COFs 膜的界面聚合过程示意

图 3-14　液-液和固-气界面聚合法制备 COFs 膜示意

3.2.3.3　溶液浇铸

溶液浇铸通常用于制备实验室规模的致密聚合物膜，现在也可用于制备其他构造原料易于溶解的膜材料。在溶液浇铸工艺中，通常将固体原料溶解在黏度和挥发性适中的有机溶剂中，然后用铸刀将聚合物溶液涂抹在一个平面上，待溶剂充分蒸发后，形成致密而平坦的膜。

2016 年，Banerje 等人通过简单的分子前体烘焙策略，即将对甲苯磺酸、芳香二胺和 1，3，5-三甲酰基间苯三酚溶液浇铸在玻璃板上，在 60~120℃的温度下烘烤，制备了一系列柔性的、自支撑的 COFs 膜，膜的厚度为 200~700μm，对丙酮和乙腈等有机溶剂具有较高的通量。此外，作者还展示了此方法规模化制备无缺陷 COFs 膜的潜力(图 3-15)。

3.2.3.4　层层自组装

层层自组装(LBL)多用来制备超薄 COFs 膜。这种方法通常是将具有纳米片形态的二维纳米材料作为构建模块沉积在基底上制备得到超薄膜。COFs 纳米片与其他二维材料有着相似的优点，由于其可以通过自组装的方式方便地构造膜材料，且膜的厚度可以很容易地通过 COFs 纳米片悬浮液的体积来控制，因此引起了人们的极大兴趣。

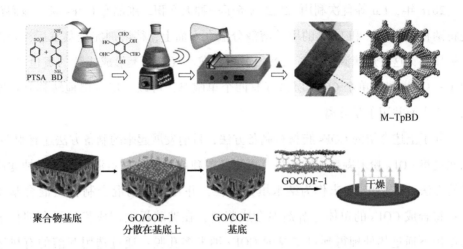

M-TpBD

聚合物基底　　GO/COF-1　　GO/COF-1
　　　　　　　分散在基底上　　基底

图 3-15　溶液浇铸法制备 COFs(M-TpBD)示意

受二维 COFs 材料层状结构的灵感激发,Li 等借助超声首先将层状的 COF-1 块体材料剥离成纳米片,然后将其作为构建模块提拉到多孔氧化铝上成功制备了异常均匀的超薄 COF-1 膜。通过该方法制备的 COF-1 膜在高温下具有极好的气体渗透性能。除了自上而下法制备超薄 COFs 纳米片膜,也可以通过强静电相互作用,利用自下而上法得到的离子共价有机纳米片(iCONs)的层层组装进一步制备超薄 COFs 膜,从而优化堆叠模式以形成紧凑而稳定的结构。最近,Zhao 等报道了由两种具有不同孔径和相反电荷的离子共价有机纳米片(iCONs)通过层层组装法制备的超薄二维 COFs 杂化膜。他们首先通过自下而上的方法制备了两种带有相反电荷的共价有机纳米片 TpEBr 和 TpPa-SO₃Na,然后利用 Langmuir-Schaefer (LS)法将两种纳米片逐层组装起来得到 TpEBr@TpPaSO₃Na 膜,膜的厚度可以通过纳米片的厚度和组装次数得到调节。由于交错排列的 iCONs 之间具有很强的静电相互作用,因此所得到的膜结构紧凑致密,孔径得到有效减小,表现出较好的 H_2/CO_2 分离能力。该方法为开发用于高性能气体分离的超薄二维 COFs 膜提供了思路,并为提高 COFs 膜的性能提供了孔道制备策略。

3.2.3.5　Langmuir-Blodgett(LB)法

LB 法是一种潜在的薄膜制备方法,利用此方法制备的膜厚度可控,尺寸大,可以很容易地转移到不同的基底表面。

2018 年，Lai 等首次利用 LB 法制备了一种大面积二维晶态 COFs 膜。他们首先将两种单体 TFP 和 DHF 的甲苯溶液分散在水面上，待溶剂完全蒸发后，表面层被压缩，这时逐滴滴加三氟乙酸，最后，在水气界面上形成连续的黄色 TFP-DHF-COF 薄膜。单个 COFs 层恰好有四个单胞厚，可以一层一层地转移到不同的基底表面并用于膜分离。

除了上述介绍的 COFs 膜材料制备方法，目前发展起来的制备方法还有很多，如通过将 COFs 粉末剥离成纳米片，再将其单独或与其他材料混合组装后抽滤成膜的方法；将 COFs 粉末作为纳米填充颗粒，并与聚合物混合制备出混合基质膜；将合成 COFs 的单体与溶剂混合成浆料，在玻璃板上刮成膜，再在催化剂的作用下通过热处理得到自支撑的 COFs 纳米多孔膜；通过选用互溶的有机溶剂，将溶解合成 COFs 单体的两种溶剂混合，也可以实现在均相溶液中制备出高质量的纯相自支撑类型 COFs 纳米多孔膜。随着这些 COFs 纳米多孔膜先进制备方法的发展，COFs 在气体分离、离子分离以及光电转化等多种领域中的应用成为可能。

3.3 非晶碳膜研究进展

3.3.1 非晶碳膜概述

为了将某种特定的材料附着在基片表面或制备成纳米级的薄膜来满足某种特定需求，尤其是 20 世纪中期由于半导体与集成电路、生命科学及航天工业的蓬勃兴起，各行业各方面对材料性能的要求越来越高，从而发展起来的界面衍生膜除了上述介绍的 MOFs 膜、COFs 膜，非晶碳膜也是目前研究较多的界面衍生膜之一。非晶碳膜是一种长程无序、短程有序结构的材料，具有一系列出色的性能，如高硬度、低摩擦系数、高电阻率、高红外透过率、高耐磨性、高热导率、化学惰性、可调的电阻率、良好的生物相容性及光学性能等。

碳（C）是自然界广泛分布的一种元素，其有多种存在形式，如常见的金刚石结构、石墨结构、无定型碳、碳纳米管、富勒烯、石墨烯等。这些材料由于 C 原子间成键状态不同，使其具有不同的物理化学性质。作为晶态材料石墨中 C 原子

之间以 sp^2 杂化状态成键，核外的四个价电子中的三个在平面内与近邻原子形成 σ 键，而第四个价电子则进入 pπ 轨道，和近邻原子 pπ 轨道上的电子形成较弱的 π 键，从而呈现层状结构。而金刚石结构中，C 原子间以 sp^3 杂化成键。在 sp^3 杂化中，碳原子的核外四个价电子与近邻原子形成 σ 键，形成正四面体构型。不同的成键形式使得金刚石与石墨，在硬度、电学、光学性能等方面具有显著差异。

金刚石薄膜的硬度为 50~100GPa（与晶体取向有关），从 20 世纪 80 年代初开始，一直受到世界各国的广泛重视，并曾于 20 世纪 80 年代中叶至 90 年代末形成了一个全球范围的研究热潮。金刚石膜所具有的最高硬度、最高热导率、极低摩擦系数、很高的机械强度和良好化学稳定性的优异性能组合使其成为最理想的工具和工具涂层材料。

1971 年美国的 Aiseuberg 等人在研究绝缘电子晶体管时发现了性能类似于金刚石的薄膜，具有非晶态、长程无序的晶体结构，将其命名为"diamond-like carbon"（DLC）。寻找新型碳材料一直是材料领域的前沿科学问题。近年来，非晶材料因展现出如各向同性等不同于晶态材料的显著特点，成为材料领域关注的焦点。随后，美国、苏联、日本等一些工业国家开展了大量的非晶碳膜基础的研究工作，每年近千篇相关文献被报道，掀起了研究、开发、应用非晶碳膜的热潮。非晶态碳膜（amorphous carbon film）是一种具有非晶态和微晶态结构的碳膜。根据碳原子的杂化形式不同，即 sp^2/sp^3 键合比例，可以对非晶碳膜进行划分，将非晶碳薄膜以 sp^3 键为主的称为类金刚石（DLC）膜，而以 sp^2 键为主的称为类石墨（GLC）膜。研究表明 sp^3 决定碳膜的机械性能，sp^2 决定碳膜的电学和光学性能。

类金刚石（DLC）膜是一大类含一定量 sp^3 和 sp^2 碳杂化键的非晶碳基薄膜材料统称，具有高硬度、低摩擦系数、宽透光范围、优异耐磨耐蚀性和生物相容性、光滑表面等特性。尤其因其可由多种 PVD、CVD 法在低温下合成，调控工艺与技术路线，薄膜的机械、光学、电学等特性可在石墨-金刚石的大范围内合理剪裁，是目前最有魅力的碳基能薄膜材料之一，在现代制造业和高技术领域应用前景广阔。但因制备方法和参数多样性，以及键态表征复杂性，导致不同 DLC 薄膜的微结构和性能间相关作用机理尚不清楚。

DLC 薄膜是一类同时具备金刚石结构和石墨结构的非晶碳膜。它兼有一系列优异的性能，如具有高硬度、低摩擦系数、宽透光范围、优异耐磨耐蚀性和生物相容性、光滑表面等特性，故在航天、机械、光学、电子以及医学等应用领域具有广泛的市场。尤其因其可由多种 PVD、CVD 法在低温下合成，调控工艺与技术路线，薄膜的机械、光学、电学等特性可在石墨-金刚石的大范围内合理剪裁，是目前最有魅力的碳基薄膜材料之一，在现代制造业和高技术领域应用前景广阔。基于已公开的 VDI-3198 标准，类金刚石薄膜包含七种薄膜，具体为非晶碳（a-C）、含氢非晶碳（a-C∶H）、四面体形含氢非晶碳（ta-C∶H）、金属掺杂含氢非晶碳（a-C∶H∶Me）、改性非晶碳（a-C∶H∶X）、金属掺杂非晶碳（a-C∶Me）、四面体非晶碳（ta-C）。依据其含氢量，sp^3 含量以及 sp^2 含量的不同，学者 Ferrari 和 Robertson 根据非晶碳的结构特点，构建了非晶碳的三元相图，如图 3-16 所示。但因制备方法和参数多样性，以及键态表征复杂性，导致不同 DLC 薄膜的微结构和性能间相关作用机理尚不清楚。

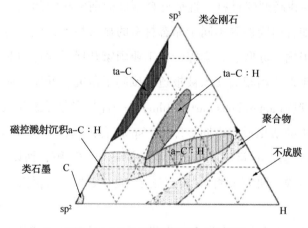

图 3-16　类金刚石薄膜的三元相图

尽管非晶碳膜在许多方面略逊于金刚石薄膜，但是和金刚石相比，非晶碳膜不仅制备温度低，甚至可在室温制备，这放宽了对衬底的要求，如玻璃、塑料等都可以作为衬底材料，且非晶碳膜的制备成本低，设备简单，容易获得较大面积的薄膜。因此，非晶碳膜比金刚石薄膜有更高的性能价格比，并且在很多领域可以代替金刚石薄膜，引起了人们的极大兴趣。

3.3.2 非晶碳膜的制备

非晶碳膜的制备方法也是多种多样的，几乎所有用来制备金刚石薄膜的方法都可以用来制备非晶碳膜。主要包括物理气相沉积（PVD）和化学气相沉积（CVD）两大类。下面就几种常见的制备方法进行介绍。

3.3.2.1 磁控溅射和化学气相沉积法

磁控溅射（magnetron sputtering，MS）是沉积非晶碳膜常用的方法之一。其原理是以石墨为碳源，以惰性气体氩气离子溅射石墨靶产生碳原子和碳离子，在基体表面形成非晶碳膜。当通入的气体是氩气和氢气的混合气体时获得含氢的非晶碳膜。磁控溅射通常可分为直流磁控溅射和射频磁控溅射。磁控溅射法具有沉积温度低、大面积以及较高的沉积速率等特点，因而广泛应用于工业生产。

等离子体增强化学气相沉积（plasma enhanced chemical vapor deposition，PECVD），也是沉积非晶碳膜的主要方法之一，它是以碳氢气体作为碳源的辉光放电沉积技术，通常有微波等离子体、直流辉光放电、电子回旋共振系统等。由于该技术通常采用碳氢气体作为碳源，如甲烷、乙烷、乙炔、苯等，因此制得的非晶碳膜中都含有一定的氢。

主要以上述两种方法为基础，科学家们已经开发出多种制备方法，如以 PVD 为主的离子束辅助沉积法，溅射沉积法，离子束沉积法，真空阴极电弧沉积法等；以 CVD 方法为基础的直流辉光放电等离子体化学气相沉积法、射频辉光放电等离子体化学气相沉积法、电子回旋共振化学气相沉积法、脉冲激光沉积法等。

采用以上这些制备方法，科学家们进行制备多种非晶碳膜研究。Akagi 课题组用电炉来制备低密度石墨膜，以气相或者液相碘掺杂酶合成的直链淀粉（ESAs）为碳化前驱体浇铸在无色基膜上，在 800℃和 2600℃热处理后，该膜在掺杂后变成淡黄色或者深紫黑色。Wu 课题组以氩气（Ar）、氮气（N_2）和甲烷（CH_4）为前驱体，采用等离子体大功率脉冲磁控溅射技术在多孔聚合物载体上室温下形成超薄、柔性、高透性用于海水淡化的纳米结构碳膜。Pai 课题组采用简单的电沉积技术，以甲醇或者醋酸为电解质，在氧化锡涂层玻璃衬底上电沉积表面的光滑金刚石状碳膜。Endo 课题组以多孔聚合物(多孔聚砜-PSU)膜为底衬，以聚吡咯烷酮(PVP)溶液为碳前驱体，采用溅射沉积技术构建一种新型的柔性、易移动、无毒、高渗透且坚固的碳基膜。

3.3.2.2　以 LB 技术为基础的非晶碳膜制备

在分离、质子传导等应用中，大多数情况需要二维材料膜具有一定密度的纳米孔洞，而很多二维材料膜如石墨烯，本身不具备纳米孔。纳米孔可以通过电子束辐照、等离子体蚀刻和离子轰击等物理方法引入二维材料中，其缺点是不仅孔的化学结构及功能基团控制不佳，而且工艺的放大仍然难以捉摸。虽然自下而上制备二维纳米多孔膜可以解决这些问题，但目前仍然缺乏可靠的方法来生产高质量的大面积纳米孔二维膜，技术上十分具有挑战性。

界面合成低维 MOFs 和 COFs 材料报道引人关注，这两种二维材料由有机小分子合成，所得膜中均含有尺寸规则的纳米孔，同时由于构筑单元的种类丰富和制备方法多样，已报道的 MOFs 膜和 COFs 膜很多，很多具有潜在的离子选择性。受此启发，Schneider 等采用一种全新的自下而上两步法制备出具有窄孔隙尺寸分布纳米孔的单层分子碳膜。同时，多种测试表明该膜表现出优异的离子电导率和离子选择性，适用于纳流体、反向电渗析、膜分离和纳米孔应用。其制备方法如图 3-17 所示。

首先，第一步合成(2,2'-二吡啶氨基)-六苯并冠烯(HPAHBC)[图 3-17(a)]。HPAHBC 结构如图 3-17(b)所示，其由六个柔性双吡啶氨基作为边缘和一个刚性核心-六苯并冠烯(HBC)组成。利用 LB 法将 HPAHBC 溶解于氯仿溶液中，在空气/水界面进行铺展。柔性双吡啶氨基边缘增强了 HBC 核心在氯仿中的溶解度。HPAHBC 的两亲性质(双吡啶氨基边缘是亲水的，HBC 核心是疏水的)允许其在水面上形成单层 HPAHBC。随后，将单体压缩至特定表面压力(3mN/m，10mN/m，20mN/m 和 30mN/m)[图 3-17(c)]。使用 Langmuir-Schaefer 方法使铜箔与压缩的 HPAHBC 层接触并将 HPAHBC 单层转移到铜箔上[图 3-17(d)]。然后，将 HPAHBC 单层置于真空(1mBar，氩气)在 550℃下退火制备非晶碳膜。

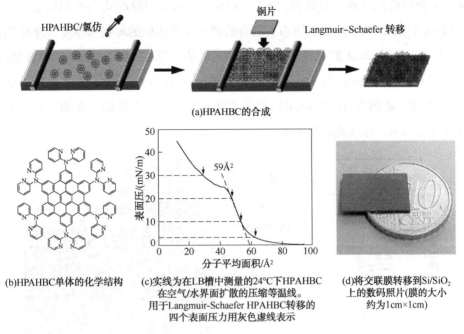

图 3-17　HPAHBC 膜的制备

对于制备出来的非晶多孔碳膜，Schneider 等随后采用傅立叶变换红外光谱（FTIR）、X 射线光电子能谱（XPS）、拉曼光谱、原子力显微镜（AFM）、扫描电子显微镜（SEM）、高分辨率透射电子显微镜（HRTEM）和高角度环形暗场扫描透射电子显微镜（HAADF-STEM）对膜进行了全面表征。HPAHBC 粉末的 FTIR 光谱在 $1587cm^{-1}$、$1470cm^{-1}$ 和 $1428cm^{-1}$ 处显示出强吸收峰，分别归属于吡啶基团的 C—N 和 C—C 振动、H—C—N 弯曲振动和 H—C—C 弯曲振动［图 3-18（a）］。HPAHBC 单层膜中这些峰的位置和相对强度与 HPAHBC 粉末的不同，进一步证实了 HPAHBC 在单层中具有一定的优势取向。在 550℃ 热退火后，吡啶基的典型峰消失，表明吡啶基完全分解，此时仅观察到五个宽峰，这是多环芳烃的典型特征，证实了 HBC 中心是仍然存在的，这也与文献报道的一致，文献中报道 HBC 的热稳定性可达 800℃。

此外，XPS 数据证实了吡啶基团的分解，拉曼光谱中可以看到 HPAHBC 膜在 $1602cm^{-1}$ 处的强 G 和 D 峰以及在 $1337cm^{-1}$ 处由 sp^2 的键拉伸和 sp^3 的杂化缺陷形成的峰，但未观察到石墨烯和石墨烯纳米带的典型 2D 峰，表明 HBC 核心在交联膜中仍然彼此隔离。AFM 图[图 3-18(b)]可以看到膜的均匀平坦形态，厚度为(2±0.5)nm，在不同表面压力下制备的膜表现出相似的形貌和厚度。SEM 图像[图 3-18(c)]可确认膜光滑且均匀平坦。制备的膜在 10mN/m 以上足够坚固，可以在直径大至 2μm 的开孔径上独立存在，只有少数裂缝。通过分析 100 张 HAADF-STEM 图像[图 3-18(d)]揭示了具有窄尺寸分布的纳米孔的存在，平均孔径为 3.6nm，标准偏差为 1.8nm。

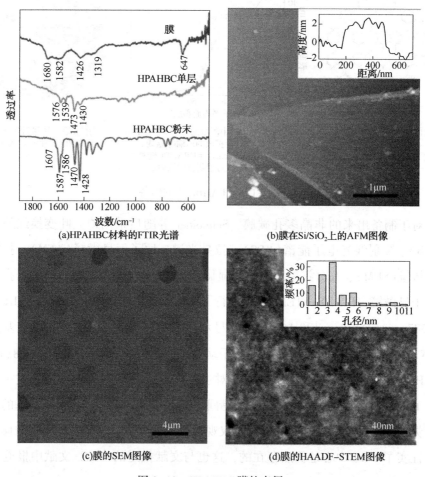

(a)HPAHBC 材料的 FTIR 光谱　　(b)膜在 Si/SiO₂上的 AFM 图像

(c)膜的 SEM 图像　　(d)膜的 HAADF-STEM 图像

图 3-18　HPAHBC 膜的表征

自下而上两步法综合利用 LB 法和退火策略，为原子厚度且具有紧密孔径分布的多孔膜的可控设计和合成提供了新的方法，更重要的是，为大规模制造纳米孔阵列提供了可能性。

Schneider 等对该非晶碳膜的离子选择性及盐差发电性能进行了研究，他们将浓度范围为 1mmol/L 至 1mol/L 的 KCl 溶液置于液流池的储液池一侧中，而 1mol/L KCl 溶液始终放置在储液池另一侧。在 Ag/AgCl 电极和 KCl 储液盒之间使用盐桥来排除 KCl 浓度差引起的接界电位。短路电流 I（电流对应于无外加偏压）和开路电压 E（对应于断路的电位）是从 I-V 测量中获得的。在没有施加电压的情况下，I 为负，表明膜带负电并具有阳离子选择性（图 3-19）。开路电压及短路电流几乎使膜两侧 KCl 浓度梯度的对数线性增加。离子选择性 E 可使用下式计算。

$$E_{oc} = (t_+ - t_-) \frac{RT}{zF} \ln \frac{\gamma_{high} c_{high}}{\gamma_{low} c_{low}}$$

式中：R，T，z，F，γ，c，t_+ 和 t_- 分别是气体常数，温度，离子价，法拉第常数，平均活性系数，盐浓度以及阳离子和阴离子的转移数。膜的离子选择性约为 40%，与文献报道的 2D 材料的结果相当。

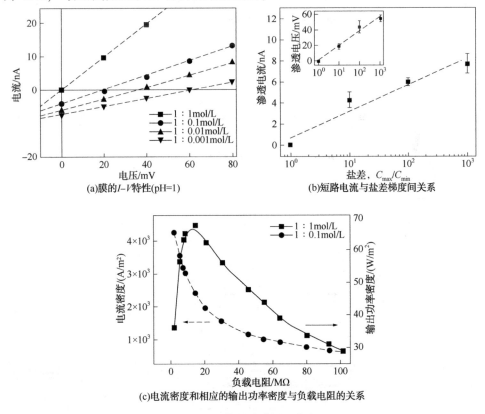

(a)膜的 I-V 特性(pH=1)

(b)短路电流与盐差梯度间关系

(c)电流密度和相应的输出功率密度与负载电阻的关系

图 3-19 非晶碳膜用于发电

　　实验还证明该膜可用于由人工海水（0.5mol/L NaCl）和河水（0.01mol/L NaCl）的反向电渗析发电（图3-19）。直径为$1\mu m$的独立膜的输出功率可通过$P=I^2 \times R$计算，其中I是电流，R是负载电阻。电流随着负载电阻的增加而减小，输出功率达到最大值$67W/m^2$时，负载电阻为$15M\Omega$。由于这里报道的膜的离子选择性低于常用的反向电渗析膜，因此开路电位E也更低。事实上，膜的分子级别厚度使得其离子透过率大于市售膜，因此短路电流I更大。因此，最大输出功率仍比文献中报道的经典交换膜和当前报道的纳米多孔膜高约两个数量级。我们还证明了在多孔载体（痕量蚀刻聚碳酸酯膜）上获得厘米大小的膜而没有任何裂缝的可能性，可用于大面积发电。我们设想通过使用具有较低本征电阻的载体材料，引入更高的表面电荷和更高的孔密度，可以进一步提高反向电渗析性能。

4　单分子膜的应用研究

4.1　LB 膜的应用研究

　　Langmuir-Blodgett(LB)技术是以所需的方式将分子组织到薄膜上的最佳技术之一，能在分子水平上对材料的结构以及物理、化学性能加以控制，从而实现分子的排列和组合，组建超分子结构以及超微复合材料，观察一般环境下无法进行的化学反应和物理现象，乃至特殊功能和生物活性。在这里，可以通过控制各种 LB 参数来操纵组织，即速度、混合成分、亚相的 pH 值和温度，改变沉积方案等。因此，LB 技术提供了一种在分子尺度上将宏观作用与控制/操纵联系起来的方法。在早期 LB 技术主要用于生物方面的研究，LB 技术可用于人工模拟多种天然生物膜，LB 系统已以多种方式用于生物学研究。某些材料的 LB 薄膜已被用于固定酶或蛋白质，这些酶或蛋白质可以捕获并与一些离子或分子结合，这些离子或分子会改变薄膜的某些可测量特性，因此可以研究这些酶和蛋白质的性质。最近，LB 技术已被用于研究含有人工泪液的脂质层，含脂质的人工泪液可用于恢复薄膜中的脂质层。除生物学方面的研究外，迄今为止 LB 薄膜已用于更多的实际应用，包括微电子和光电器件、传感、光刻等方面，也引起了工业界的关注。LB 膜已经开始从实验室研究逐步走向实用研究。

4.1.1　LB 膜技术在分子自组装手性研究上的发展

　　中国科学院的刘鸣华课题组在 2003 年将一种新合成出来的两亲性化合物 2-(十七烷基)石脑油咪唑(NplmC17)铺展在含 $AgNO_3$ 的亚相上，在空气/水界面上形成了单分子膜。通过研究发现，NplmC17 和 Ag(Ⅰ)离子之间在单层膜和 LB 膜中均发生了界面配位作用。同时，原本非手性的 NplmC17 分子在与 Ag(I) 配位后形成的薄膜产生了手性。这是首次发现通过界面配位作用可以使非手性分子形成手性单层膜和 LB 膜。在另一工作中，研究者发现一种非手性的巴比妥酸的衍生物(BA)可以在 LB 膜中表现出对称性破缺并形成螺旋，而 BA 分子间的 H-聚集和 H 键的方向是 LB 膜产生超分子手性和螺旋形貌的原因。

刘鸣华课题组还报道了一系列通过 LB 膜技术组装卟啉的例子。他们合成了一系列具有疏水性十二烷基链和亲水性取代基的非手性卟啉，阐明了 Langmuir-Schaefer(LS)膜中分子几何结构与聚集方式和超分子手性之间的关系。其中三个长疏水链取代卟啉的 LS 膜表现出很强的科顿效应，并且在云母表面表现出类似纤维状的形貌。研究发现分子结构和分子组装是堆积方式的不同，是非手性卟啉分子在 LS 膜中产生不同的聚集方式和超分子手性的原因。Rong 等发现仅有微小差别的两种卟啉在气-液界面上组装成 LB 膜后，二者薄膜的超分子手性有很大不同。发现从 COOH 取代的卟啉 LB 膜能观察到弱的圆二色光谱 CD 信号，而在 COOMe 取代的卟啉中则只有可忽略不计的 CD 信号。在对 LB 膜进行热退火处理之后，COOH 取代薄膜的 CD 信号明显增强，而 COOMe 取代的则没有。这说明，在气-液界面发生对称性破缺时，适当的多种非共价分子间的相互作用是一个需要考虑的重要因素。

4.1.2　LB 在光学、光电子中的应用

LB 膜在光学和光电子学等方面的应用研究很广泛。研究人员利用 LB 膜具有高响应速度和恢复时间很短的特点，制备高选择性的传感器。例如，生物传感器，它是利用 LB 膜制备的具有特殊识别功能的二维组装体系。而利用被吸附气体同某些物质相互作用引起的光学性质变化研制光学气体传感器也早已为人们所重视。R. B. Beswick 找到了一种金属卟啉 LB 薄膜的磷光淬灭对不同氧浓度的依赖关系，从而建立了一种探测氧浓度的光学方法。M. Furuki 用一种含 J 聚集体的方酸染料 LB 薄膜形成了高灵敏度 NO_2 光学探等。

LB 膜在光学领域的应用也非常广泛。例如，将有源的 LB 膜发射层夹在 2 层电能转移层之间构成 3 层异构体，可保证光发射的持续进行，能用于平板彩色显示。利用 LB 膜技术将电子给体层、光敏染料体层和电子受体层依次排列，或者

把具有这 3 个功能的分子团用 CH 键相接形成 LB 膜，就构成一个分子电池，可以吸收普通环境下的漫散射光，将67%的光能转换为电能等。

在气体传感方面，检测各种化学物质或气体对于工业、环境和各种应用都非常重要。气体传感器有多种气体传感材料，如聚合物、半导体和金属氧化物等。其中，固态传感器因成本低、体积小而具有良好的传感效果。为了提高其灵敏度和选择性等参数，常需要将薄膜制备得较薄。一方面，这种薄膜厚度的控制一般采用 LB 法来进行，通过控制沉积分子层数来调节膜厚度；另一方面，当气体与传感材料接触时，传感材料上发生的反应会导致电导率和电阻率发生变化。金属氧化物的电导率受气体传感材料薄层上的体积或表面缺陷的影响很大。LB 法制备的薄膜的电阻随沉积层数的增减而变化。沉积在基底上的单层或薄膜越薄，传感器的灵敏度越高，响应时间越短或更短。例如，聚苯胺薄膜的响应时间比聚苯胺和醋酸混合薄膜的响应时间短，这是因为薄膜的厚度会影响吸附过程。

4.1.3 LB 在光刻、液晶等方面的应用

LB 薄膜作为钝化层的主要应用途径有作为光刻胶、润滑剂及表面声波液晶取向等的增强膜。我们常用光刻技术来制备较小尺寸的器件，但是正常厚度的光刻胶会存在明显的散射效应，因此在一些器件制备过程中需要非常薄的光刻胶来增强分辨率。LB 法是制备非常薄的光刻胶膜的有用方法，例如目前已有报道采用 LB 方法制备的脂肪酸盐薄膜可以作为正性光刻胶，以及 22-三碳烯酸的薄膜可以用作负性光刻胶，均有良好的效果。

LB 薄膜可以用作润滑层，能延长高密度硬盘的使用寿命，也可以应用到磁盘表面，能显著降低磁盘的摩擦系数和磨损程度。在控制液晶取向方面，一般衬底材料的偶极能量可以控制液晶的取向，我们可以通过调整 LB 薄膜材料的结构控制偶极矩，从而控制液晶的取向。已经有研究表明，当夹在覆盖有单层聚合物 LB 薄膜的两块玻璃板之间时，一些液晶分子会自发排列。

4.2 自组装膜的应用研究

各种 SAMs 单层分子与基底之间进行共价键合，根据用途和基底的不同，多

种 SAMs 系统已经被广泛应用于各种领域，下面对部分应用进行介绍。

4.2.1 自组装技术在电子方面的应用

自组装技术是一种简单可靠构建功能分子系统的方法，自组装膜的形貌和电学性质主要取决于分子的结构和排布，而非加工过程，这就决定了分子加工的可重复性和便利性。在器件中，SAMs 通常可以作为有机半导体层、介电层或界面修饰层等。2006 年 Motthagi 和 Horrowitz 研究了有机半导体厚度在薄膜晶体管中如何影响载流子运输。他们假设半导体层是由相互独立的分子薄膜组成，计算每一层半导体层的载流子含量。研究发现 90% 载流子在最靠近介电层的一层分子中传输。因而如果自组装能够在最理想的情况下发生，载流子在二维单分子膜中传输就会跟在三维块体材料中一样高效。在这种自组装单分子膜半导体材料上构建的场效应晶体管(Organic field effect transistor，OFET)就是自组装单分子膜场效应晶体管(SAM-based field effect transistor，SAMFET)。通过在半导体分子上添加铆钉基团与基底连接，形成单分子层的自组装薄膜，如果膜内分子排列紧密，耦合良好，虽然只有单层分子，但已经可以满足载流子传输的要求。

在 OFET 类器件中，SAMs 还可以作为介电层。电介质相当于一个电容，电容越大，相同电压下出沟道中的载流子密度越大。增大电容要选择高介电常数的材料或减小介电薄膜的厚度，但是单纯的前减厚度容易引起缺陷和减电(图 4-1)。

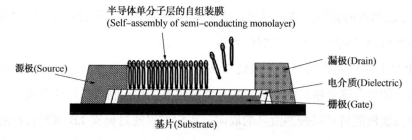

半导体单分子层的自组装膜
(Self-assembly of semi-conducting monolayer)

源极(Source)

漏极(Drain)

电介质(Dielectric)

栅极(Gate)

基片(Substrate)

图 4-1 底栅自组装单分子层场效应晶体管示意

4.2.2 自组装技术在防污损方面的应用

生物污损是指生物物种以我们不希望的方式积聚在表面。通常情况下，细菌会附着在表面，并繁殖形成生物膜。然后，藻类、藤壶等生物以及其他植物、动物或微生物也会根据环境附着并生长在暴露的表面上。出现这种情况时，表面的无菌性和/或完整性可能会受到影响。SAMs 在防止生物无损侵蚀表面方面有多种应用。在此，仅介绍 SAMs 在海洋生物污损和医疗设备生物污损中的应用。

　　海洋生物在船体等表面造成的污垢是一个问题，因为会产生与维护和燃料消耗以及腐蚀相关的成本。防止表面生物污垢的传统方法包括使用有机锡涂层，如三丁基氧化锡和三丁基氟化锡。虽然这些都是有效的化合物，对多种污垢具有活性，但由于对环境的负面影响，最近的环境研究导致这些化合物被禁止使用。因此，迫切需要防止生物污损的新方法。在开发防止海洋生物污损的新技术时，自组装单层发挥了两个重要作用。第一，利用 SAMs 表面进行的研究有助于阐明微生物的附着机制。了解生物是如何附着和形成生物膜的，对于开发新的表面涂层来防止生物污染是不可或缺的。第二，还研究了以各种端基(包括糖和低聚乙二醇)为末端的 SAMs，将其本身作为潜在的生物防污涂层。

　　在人体内部，防止生物污垢也很重要，生物污垢的形式包括植入器械上意外的蛋白质吸附、细胞附着和/或生物膜的形成。植入器械导致的细菌感染是一个重大的医疗问题。支架和分流器等器械的表面需要防止生物污垢，这些器械的表面已被 SAMs 涂层功能化。此外，SAMs 涂层还可作为治疗剂(一种将药物导入体内的方法)进行探索。在间接的应用中，SAMs 也被用来从分子层面更好地了解生物材料和表面特性如何影响蛋白质和细胞的黏附性，从而影响医疗设备材料和涂层的开发。特别是，由于可以在各种表面上制备 SAMs，该系统适合于利用表面等离子体共振成像(SPRi)和石英晶体微天平(QCM)等技术研究蛋白质吸附。此外，SAMs 还是体外细胞生物污损研究的绝佳基底。

4.2.3　自组装在研究生物大分子方面的应用

　　通常来说，研究复杂的生物系统是非常困难的，因为需要进行基本的机理研究。SAMs 可以对蛋白质、肽和其他生物大分子的吸附和附着进行空间和浓度控制，因此 SAMs 是较理想的吸附剂。利用自组装单层制备一些图案化模型表面可以以简化方式探索涉及细胞和生物大分子(蛋白质、配体等)的各种生物过程。正如 Kumar 和 Whitesides 首次报道的那样，使用软光刻技术制备 SAMs，自组装单层可以使用光刻和冲压相结合的方法在表面上图案化。通常印章制备完成后，可在图案表面涂抹十六烷硫醇单体的乙醇溶液。使用惰性氮气蒸发乙醇，然后在干净的基底上轻压印章。然后用互补单体"回填"基底的剩余部分，生成图案化基底。一旦制备完成，只需将基底浸泡在蛋白质溶液中即可吸附蛋白质。通过荧光标记蛋白质，可使用倒置荧光显微镜观察基底上的图案，以明确的空间方向呈现生物分子。

除了通过"图案化"这种方法来呈现生物大分子(包括肽、碳水化合物、核苷酸和蛋白质)，另一种技术是制备混合单层 SAMs。在溶液相单层形成过程中，两种或两种以上不同单体的表面可结合在一起，形成反映单体溶液浓度的均质表面。只要单体的浓度在一定范围内[小于10%(摩尔浓度)]，这种均匀性就会存在，以防止单体聚集或"孤岛化"。通过在单体中加入特定分子，分子可以在制备 SAMs 之前或之后通过各种反应形成共价键连接到表面，这些反应包括 Diels-Alder 反应、三唑环形成和迈克尔加成等。如果在生物大分子中引入特定的生物正交醇点，使其附着在表面的反应基团上，那么生物大分子的取向也可以通过该系统来确定。此外，如前所述，以乙二醇为终端的单层膜可抵制非特异性蛋白质吸附。研究表明，在乙烯-乙二醇端接单层背景中引入低浓度的共价连接生物大分子单体，可在特定浓度[小于1%(摩尔浓度)，视系统而定]范围内保持蛋白质抗性。

此外，自组装技术也广泛应用在开发生物传感器、生物芯片和阵列上。固定生物分子的基底对于生物传感器和生物芯片的开发是非常重要的。此外，对固定化进行可重复的分子级控制也是这些需要高分析灵敏度的应用的理想选择。如前所述，具有乙二醇尾部功能的 SAMs 能够防止非特异性蛋白质吸附和不良污染，并与传感表面结合。此外，还可以在金等多种表面上制备单层膜，并通过电化学和表面等离子共振(SPR)对其进行研究。石英晶体微天平(QCM)和基质辅助激光解吸电离质谱(MALDI-MS)等其他技术也被用于生物分析和生物传感器中的 SAMs 分析。使用 SAMs 技术的表面可被用来检测抗原结合、蛋白质-蛋白质相互作用、毒素和其他分子检测以及许多其他相互作用。利用 SAMs 化学制备的生物分子阵列也被证明可用于探测细胞间的相互作用。

4.2.4　自组装在材料科学中的应用

除上述生物学需求外，自组装单层技术还可以应用在材料科学中起到保护基底的作用。在制作微电极阵列、互补金属氧化物半导体（CMOS）器件和衍射光栅等设备时，需要对金属薄膜进行图案化，或直接对基底的微观形貌进行图案化，这两种图案化都是通过湿蚀刻技术实现的，其中化学蚀刻剂会溶解掉材料的表层。传统蚀刻利用光刻胶和光刻技术或掩膜光刻技术在表面上生成所需的图案，生成图案后，将基底浸泡在化学蚀刻液中，以去除基底上未受抗蚀剂保护的暴露区域。虽然这种技术已经非常成熟，但每蚀刻一块基板都需要耗费大量的时间和资源。如上文所述，有序的SAMs可保护表面不受活性物质的影响，而活性物质会破坏单层的稳定性。因此，它们也是理想的抗蚀剂。此外，还可采用微接触印刷技术在表面上绘制单层图案。这样可以最大限度地减少所需的光刻步骤——因为一个母版和随后的弹性印章可用于对多个基底进行图案化。SAMs已被用作保护钯和金等表面的药剂，既可使用传统蚀刻剂，也可使用专门开发的蚀刻剂。单层膜在其他蚀刻条件下（包括等离子蚀刻）也有良好的表现。

微机电（MEMS）和纳米机电（NEMS）系统已成为新技术发展的核心，尤其是在半导体和传感设备等领域。与任何机械系统一样，了解摩擦学（相互作用表面的科学）以消除接触点之间摩擦和黏附的负面影响势在必行。旨在防止磨损和开发长期润滑材料的摩擦学研究对于延长设备使用寿命非常重要。然而，由于设备的机械接触点是纳米级的，这些系统无法使用传统的矿物油、植物油或合成油润滑剂。因此，必须开发适用于大规模制造MEMS和NEMS设备的新设备保护策略。由硅烷、膦酸盐和硫醇的头部基团与疏水或氟化尾部基团形成的SAMs已被探索用作晶体管和传感器的潜在涂层，以及MEMS和NEMS器件的润滑剂。

4.3　二维材料膜的应用研究

4.3.1　二维材料膜在膜分离技术中的应用

膜技术是当代新型分离技术，以其能耗低和环境友好等特征，成为解决人类面临的资源、能源、环境、生命健康等领域重大问题的共性技术之一，受到各国政府的重视。膜分离是基于材料的分离过程，是利用混合物中各组分在材料中物理和化学性质的差异来实现物质分离的过程。因此，膜材料是膜技术的核心，材料的物理化学结构及材料与被分离组分之间的相互作用是实现分离的关键。

自从 2004 年英国曼彻斯特大学 Andre Geim 教授团队成功剥离得到单层碳原子的石墨烯材料(Graphene)，其在凝聚态物理、材料化学、生命科学等众多领域均展现出巨大的潜力后，二维材料的研究迎来了热潮。二维材料被广泛应用于膜分离领域主要是基于以下事实：二维材料具有原子级厚度，具有很低的传质阻力，可以最大限度提升膜的传质速率；多孔二维材料或者片层堆积在一起的二维材料可以为分子和离子等提供传质通道。因此，目前二维分离膜材料的研究可以分为两大类，一类是研究多孔分离膜的引孔、孔径大小、分布密度等方向；另一类是研究层状堆积二维材料的层间通道如何构筑及如何控制精确构筑二维膜的层间纳米通道的理化环境，提升二维材料膜的分子筛分性能和优先透过性质，从而实现混合物的高效分离。

在海水淡化方面，目前石墨烯类二维材料膜的研究主要分为两个方向，一个方向是以麻省理工学院教授 Rohit Karnik 团队为代表所研究的单原子层厚的纳米多孔薄膜。但是，单原子层厚的石墨烯机械强度较弱，所以实验研究中用到的石墨烯都用了聚合物膜支撑。在 2015 年 Surwade 等人通过氧等离子体刻蚀技术在单层石墨烯表面引入纳米孔并研究了其水脱盐特性。结果表明，其所制备的纳米孔石墨烯薄膜具有近 100% 的脱盐率和较高的水通量适用于海水淡化领域。但是直接通过高能电子束轰击或氧等离子体刻蚀在石墨烯内部引入亚纳米孔，孔径分布范围较广，极大地降低了分离效率，所以很难应用于实际。

武汉大学袁泉教授等报道了大面积多孔石墨烯纳米筛/碳纳米管复合膜的方法。他们先通过化学气相沉积法合成单层石墨烯，再将其转移到交错互联的碳管基膜上，以介孔 SiO_2 作为多孔牺牲模板，采用氧等离子体刻蚀单层石墨烯以形成多孔石墨烯纳米筛，通过刻蚀时间控制孔道的大小(图 4-2)。所形成的高密度的亚纳米孔道展现出典型的尺寸筛分效应，在阻碍离子透过的同时，实现了水分子的快速传递。此外，碳管作为基底支撑单层石墨烯，类似于叶脉支撑树叶的作用，显著提升超薄石墨烯膜的机械强度，有利于实际过程应用。该石墨烯纳米筛/碳纳米管复合膜具有优异的脱盐性能，在正渗透过程中水渗透速率为 $22L/(m^2 \cdot h \cdot bar)$，对 NaCl 的截留率高达 98.1%。该研究工作通过在石墨烯纳米片面内构筑传质通道，缩短了叠层结构的曲折传质路径，提升了二维材料膜的渗透速率，并进一步基于孔道尺寸的精密调控，实现水分子和离子的高效分离。

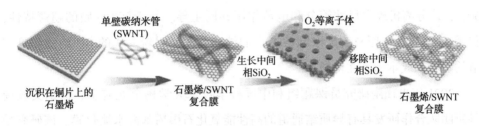

图 4-2 大面积多孔石墨烯纳米筛/碳纳米管复合膜的制备

另外一类是诺贝尔物理学奖得主、曼彻斯特大学教授 Andre Geim 团队研究的氧化石墨烯膜。氧化石墨烯是石墨烯的衍生物，其能够在实验室通过简单的氧化生产出来。通常，氧化石墨烯薄膜对水的透过性阻力较小，能够用于过滤和分离质子导体，能量存储和转化等领域。然而，它们在离子筛分和脱盐技术中受到 0.9nm 的渗透阈值限制，即直径低于 0.9nm 的水合离子能够透过此膜，大于 0.9nm 的离子才能被有效过滤。但是氧化石墨烯膜浸润在溶液中之后，氧化石墨烯片层之间会吸水扩大层间距，降低了海水淡化效率，因此现有的研究工作主要集中于如何控制氧化石墨烯片层之间的层间距。

扩大 GO 薄膜的层间距可通过插入其他材料实现。然而，精确可控还原 GO 薄膜使其层间距达到 0.7nm 以下，并在浸没过程中保持不变仍存在挑战。在还原过程中，GO 表面含氧官能团数量减少，GO 界面由亲水转变为疏水，阻碍了水分子的传输；另外，即使 GO 界面的亲水性在略微还原后保持不变，由于 GO 薄膜在水中的膨胀效应，其层间距将被再次扩大。因此，探寻一种合适的还原方法以精确调控 GO 薄膜的层间距，并在随后的水脱盐过程中保持界面物理化学性质和层间距不变将是 GO 薄膜应用于海水淡化领域的关键。

曼彻斯特大学的研究人员找到了一种方法（在氧化石墨烯薄膜的两侧引入环氧树脂）能够有效地控制孔径的扩张。经实验证实，用他们的方法能够使氧化石墨烯薄膜对氯化钠的离子的过滤率高达 97%，这意味着该膜系统能够很好地过滤常见的盐离子。该研究团队表示，这种膜不仅能用于脱盐，而且可调节其孔径以过滤更多类型离子。

在 2012 年，浙江大学高超教授课题组报道了叠层 GO 膜的制备及其纳滤分离性能。真空抽滤制备的超薄(22~53nm)GO 纳滤膜表现出 21.8L/(m² · h · bar) 的水渗透率，对有机染料分子的截留率高于 99%，对盐离子的截留率为 20%~60%，该分离机理由尺寸筛分和电荷作用共同主导。基于该 GO 膜的超薄特性，仅需 34mg 的 GO 原料就足以制备 1m² 的纳滤膜，证明新一代的 GO 纳滤膜具有节约资源和成本的潜在优势。

2021 年冉瑾副研究员课题组和中国科学技术大学杨金龙院士、徐铜文教授科研团队合作研发具有异质结通道的高性能氧化石墨烯基海水淡化膜。该研究受到光催化剂等领域构建异质结策略的启发，提出在 GO 中引入异质结通道，来完成稳定的亚纳米尺寸的二维通道的构筑。具体来说，通过在 GO 层间引入 $g-C_3N_4$ 纳米片，$g-C_3N_4$ 纳米片上具有丰富的氨基，可以与 GO 纳米片上的氧功能基团相互作用，实现异质结通道的构建(图4-3)。通过 XRD、量化计算等表征手段确定了该异质结通道的尺寸约为 0.4nm；通过红外、XPS 等表征手段证实了 $g-C_3N_4$ 与 GO 间存在共价键以及氢键作用。得益于亚纳米尺寸的二维异质结通道的构筑，GO 二维膜的脱盐性能提升显著。纯 GO 对 NaCl 的截留率仅为 30%，而具有异质结通道的 GO 膜对于 NaCl 的截留率可以达到 90% 以上。通过分子模拟计算结合实验结果证实了具有异质结通道的 GO 膜中涉及的主要脱盐机理为尺寸筛分。更为有趣的是，新构筑的膜水通量也为原始 GO 膜的 8 倍。通过分子模拟研究，证明了水分子可以沿着 $g-C_3N_4$ 片实现近乎无摩擦运动。该研究不仅成功构筑了兼具高通量和高截留的海水淡化膜，并且为高性能二维膜的构筑提供了新思路。

图4-3　氧化石墨烯与 $g-C_3N_4$ 纳米片组装以及传质示意

2017 年，中国科学院上海应用物理研究所方海平、李景烨，上海大学的吴明红团队，南京工业大学金万勤团队等，使用 K^+、Na^+、Ca^{2+}、Li^+ 或 Mg^{2+} 离子显示了利用阳离子控制层间距实现高效水透过和盐截留(图4-4)，表现出优异的离子筛分和海水淡化性能。此外，由一种类型阳离子控制的膜间距可以有效地、选择性地排除具有较大水合体积的其他阳离子，该研究成果发表在 *Nature* 上。

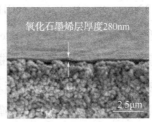

图 4-4　K^+ 调控氧化石墨烯膜层间距实现高效水透过和盐截留示意(左)；氧化石墨烯膜横截面扫描电镜(右)

除在溶液过滤与分离领域的研究外，少数层 GO 薄膜对一系列气体混合物可表现出优异的选择性。例如，Kim 等人通过 GO 纳米片的不同堆叠方法精确调控气流通道。在高湿度条件下，完好的少数层 GO 薄膜具有优异的 CO_2/N_2 选择性。Li 等人利用简单的真空抽滤法制备了厚度接近 1.8nm 的超薄 GO 薄膜，对 H_2/CO_2 和 H_2/N_2 的气体分离选择度分别高达 3400 和 900。这两项研究均将 GO 薄膜优异的气体选择传输特性归因于 GO 纳米片表面的结构缺陷。这一气体选择性使 GO 薄膜在 CO_2 捕获和 H_2 分离等领域具有应用潜力。

2013 年，韩国汉阳大学 HoBum Park 教授课题组制备了厚度仅为 3~10nm 的 GO 膜，采用不同的旋涂策略构筑不同的片层堆叠结构，控制气体的传质行为。通过调控石墨烯纳米片堆叠过程中的"面-面"相互作用和"边-边"相互作用，促使 GO 片层形成紧密的堆叠结构，其气体传质行为类似于玻璃态微孔聚合物膜，可实现 CO_2 分子的选择性透过(CO_2 渗透性 100GPU，CO_2/N_2 选择性 20)。美国伦斯勒理工学院 Miao Yu 课题组通过抽滤法在多孔阳极氧化铝支撑体上制备了超薄 GO 膜，通过控制 GO 纳米的沉积量分别制备了厚度为 1.8nm、9nm 及 18nm 的 GO 膜。其中，9nm 厚的 GO 膜展现出超高的 H_2 分离选择性(H_2/CO_2：3400，H_2/N_2：900)。他们的实验发现，气体的主要传输通道并不是通常认为的 GO 层间通道，而是 GO 片层面内的缺陷孔。

4.3.2 二维膜在可再生能源的纯化过程中的应用

氢能被视为 21 世纪最有前景的清洁能源，而氢气的纯化是氢能汽车商业化的瓶颈之一。同时杂质分子与氢气分子之间较小的尺寸差异（H_2：0.289nm，CO_2：0.33nm，N_2：0.364nm，CH_4：0.38nm）使得氢气的进一步纯化更加困难。此外，通过生物质的 ABE（acetone-butanol-ethanol）发酵过程得到的生物乙醇及生物丁醇为未来清洁能源的利用带来了新的方向。然而，在发酵过程中丁醇易导致微生物失活，同时乙醇/丁醇与水之间会形成二元共沸体系，给生物乙醇/丁醇的纯化带来了挑战。二维膜的精确尺寸筛分能力和结构稳定性有助于从气体混合物中实现氢气的纯化以及通过渗透气化过程得到高纯生物燃料。因此，基于二维材料的诸多方法，例如分子交联（如硫脲、草酸和二胺分子等）、化学还原、纳米片交错堆叠、化学交联（形成化学键、配位效应或范德华力）、多功能基团改性以及表面/层间改性，使得基于二维膜的分离效率的进一步提高成为可能。

4.3.3 二维膜在可再生能源的储存与转化过程中的应用

此外，值得注意的是，膜在二次电池中也发挥着重要作用。电化学储能与转化是氢、生物燃料等新能源从生产到利用的直接途径。燃料电池将 H_2、CH_4 及 C_2H_5OH 等燃料与 O_2 反应产生的化学能转化为电能，而二次电池（包括液流电池、Li-S 电池）经历反复可逆的充/放电过程，使其具有作为大规模储能的潜力。通常，它们由电极、电解质和膜组成。膜将阴极和阳极分隔开以防止电解液交叉混合和短路，并提供快速且均匀的离子或质子传输通道。尽管膜不参与电极反应，但它们的结构和稳定性会严重影响电池的性能，包括能量/电流密度、循环寿命和安全性。由于可控的层间距/孔径和丰富的官能团，基于 GO、MXenes、MOFs、COFs 和沸石纳米片（基本工作原理如图 4-5 所示）的二维材料膜可以成为电池隔膜的研究对象，以获得高质子/Li^+ 电导率和选择性。通过对二维材料的层间及表面修饰，实现膜在机械性能、传质通道及分离能力等方面的提高，以便更好地满足电池隔膜的基本需求。

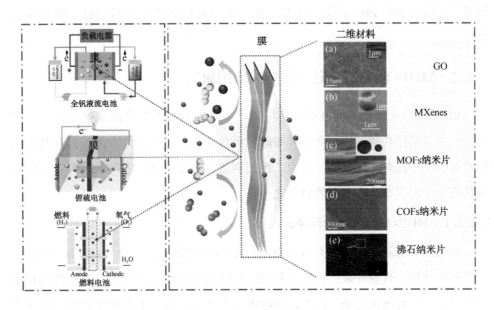

图 4-5 用于燃料电池、全钒液流电池和锂硫电池的二维膜

4.4 MOFs 膜的应用

4.4.1 MOFs 膜在光电领域的应用

金属有机骨架材料因其在众多领域中展现出的优异性能而广泛用于光通信、传感和检测等多个领域。与粉末和晶体状 MOFs 相比，薄膜具有更高的稳定性。针对技术系统、材料设计和形状调整的 MOFs 的可持续发展，使得其在光学器件和光电器件的应用上更加普遍。

王海辉教授课题组首次采用电化学合成法在导电多孔载体表面快速一步制备到了致密连续的 ZIF-8 膜。电化学合成过程利用电源阴极产生的电子诱导了 2-甲基咪唑配体的去质子化，同时电正性的金属阳离子 Zn^{2+} 在电场诱导下向阴极定向迁移并与去质子化的有机配体配位而发生成核结晶反应。由于 ZIF-8 具有优异的绝缘性，随着载体表面 ZIF-8 层致密性的增加，电子的自由传输过程受阻，进而影响了 ZIF-8 的成核与结晶过程。因此，电化学合成过程以定向移动的电子为探针可以实现亚纳米级别膜层缺陷的原位修复，最终制备得到了厚度仅为 200nm

超薄且连续致密的 ZIF-8 膜。该方法在无机和有机载体上均具有良好的合成普适性。

4.4.2 MOFs 膜材料在分离领域的应用研究

MOFs 是由金属中心和有机配体形成的多孔材料。通过合理选择金属中心和配体，可以调控孔径、比表面积和吸附量等性质。在二维结构方面，具有叠层结构的 MOFs 可剥离成纳米片，成为二维材料膜的构筑单元。MOFs 结构上的优势使其成为分离领域非常重要的材料之一。

4.4.2.1 MOFs 膜在油水分离中的应用

油类污染物是造成环境有机污染的典型污染物之一，成分复杂，附着力强。工业生产过程、石油开采、运输和利用过程以及频繁发生的海洋溢油事件都对水体造成了严重的油污污染。油类污染物进入水体后，由于油的密度较低，很快就会在水面上形成一层油膜。油膜阻止氧气进入水体，造成水生动植物大量死亡。现有研究表明，石油污染是海洋污染中最常见、最严重的污染。油类污染不仅会对环境和生态造成破坏，还会给人类造成不可挽回的经济损失，严重威胁人类的健康和安全。

传统的方法，如离心分离法、浮选法、吸附分离法、电化学法和生物降解法等，在处理油类污染方面都有一定的效果，但在处理成本、油或物质回收率和选择性方面存在一定的缺陷。与传统的处理方法相比，膜分离不需要额外的化学试剂，能耗低，操作简便，因此在水净化领域的应用越来越广泛。

Shao 等人报道了一种利用电纺丝技术制备 ZIF-8 功能化分层微/纳米纤维膜（PVDF-g-ZIF-8）的方法。首先通过静电纺丝技术制备 PVDF/ZnO 纤维膜，使纳米 ZnO 均匀分布在 PVDF 纤维中。随后，通过活化和生长步骤，最终得到 PVDF-g-ZIF-8 膜。疏水疏油的 PVDF/ZnO 纤维膜变成了疏水亲油的 PVDF-g-ZIF-8 膜。通过优化表面特性，内部分层的微/纳米纤维膜在保持高疏水性的同时，还为油相的通过创造了许多通道。结果表明，所研发的 PVDF-g-ZIF-8 膜以超低能耗的方式对油包水乳化液表现出 92.93% 的高疏水率。

Yang 等人在棉纤维上原位生长 ZIF-8 纳米晶体，然后在室温下在其表面涂覆聚二甲基硅氧烷(PDMS)，制备出一种无氟超疏水抗菌棉/ZIF8@ PDMS 织物。这种基于 MOFs 的棉织物具有持久的抗菌性能，而高接触角(CA>150°)和低滑动角(SA<10°)的超疏水表面还具有良好的自清洁性能(图 4-6)。棉/ZIF8@ -PDMS 织物具有优异的油水分离性能，对不同类型油水混合物的分离率高达 95%以上。Jiang 等人利用真空辅助自组装工艺制备了分离效率高、耐油污染性好的新型 MOFs 膜[UiO-66-NH₂(x)@ PAA 膜]。UiO-66-NH₂(x)表面的高粗糙度和亲水官能团使其具有高亲水性。由于 PAA 具有丰富的羧基，与聚(丙烯酸)(PAA)结合后，膜的亲水性得到改善。制备的 UiO-66-NH₂(x)@ PAA 膜具有高亲水性和水下疏油性(OCA>160°)。在油水乳液分离过程中，该膜表现出很高的分离效率(截留率>99.9%)。研究发现，膜表面通过氢键和静电作用形成了更强的水合层，大大提高了抗污染性能。

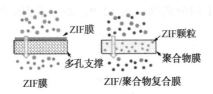

图 4-6　ZIF 膜和 ZIF/聚合物复合膜水油分离示意

4.4.2.2　MOFs 膜材料在气体分离领域的应用

　　MOFs 材料孔径的可定制性与可调整的吸附行为相结合，为将 MOFs 用作气体分离膜提供了广阔的应用前景。与沸石相比，MOFs 的合成条件能耗较低。例如，大多数 MOFs 的制造不需要高温高压条件，可以通过点击化学法合成。此外，与沸石不同，MOFs 不需要结构引导剂，因此也不需要后续的煅烧步骤。沸石咪唑啉框架(ZIFs)是 MOFs 的一个子类，在气体分离应用中尤其受到关注，这主要是因为它们具有小气体分子尺度的超微孔隙和良好的耐热性。

　　二氧化碳是火力发电厂排放的主要气体之一，由于 CO_2 的排放会加剧温室效应，因此，在排放中分离 CO_2 是非常重要的。同样，在天然气净化过程中，从 CH_4 中分离出 CO_2 对于避免管道腐蚀等问题也非常重要。通常情况下，聚合膜为这些分离提供了一种解决方案，可以取代其他解决方案，如高能耗的蒸馏。然而，CO_2 会产生聚合物塑化，聚合物结构的变化会导致膜无法使用。由于 CO_2/

N_2和CO_2/CH_4分离过程中需要处理的气体混合物体积较大，因此膜的渗透性比选择性更重要，同时膜还需要与二氧化碳分子有很强的相互作用。合理设计 MOF 结构，例如加入对CO_2具有高亲和力的官能团，如—NH_2、—OH、—$COOH$等可以改善CO_2吸附性能。Lin 和同事证明了用异氰酸丙基三乙氧基硅烷对含有氨基的 CAU-1 MOF 膜进行后合成修饰后有较好的实验结果，这不仅产生了相对较高的渗透率，还提高了CO_2/CH_4的选择性值（图 4-7）。Wang 及其同事报告了一种制备 ZIF-7x-8 膜（440~600nm）的极佳混合连接剂策略，由于孔径减小，其分离效率很高。特别是CO_2/CH_4、H_2/CH_4和CO_2/N_2的最大分离系数分别为 25、17和 20，高于其他报道的 ZIF-8 膜。此外，这种性能在 180 小时后仍能保持。Caro 和同事在γ-Al_2O_3基底上制备了 ZIF-8-Zn-Al-NO_3层状双氢氧化物（LDH）复合膜，结果表明，由于 LDH 对CO_2的亲和力，CO_2的渗透率为0.0977×10^{-7}mol/（$m^2\cdot s\cdot Pa$），CO_2/CH_4的分离因子为 12.9，超过了相应的 Knudsen 值（0.6）。

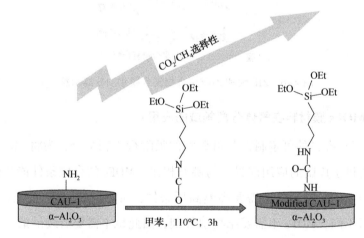

图 4-7　后合成修饰 CAU-1 MOF 膜进行CO_2/CH_4分离

H_2被认为是一种清洁的可再生燃料，通常从甲烷蒸汽转化（SMR）过程中获得，然后再进行水-气转换（WGS）。这一过程包括CH_4通过水蒸气进行催化氧化，产生一种气体混合物，其中主要含有H_2和CO_2以及未反应的CH_4和 CO。出于商业化的考虑，从其余产品中提纯H_2的要求很高。同样H_2/CO_2气体分离对发电厂预燃烧过程中的CO_2捕集也非常重要。在这方面，使用H_2或CO_2选择性膜提供了一种节能环保的解决方案，并可获得高纯度的H_2。同样，获得优异分离性能的要求之一是使用超薄膜。在这方面，Hou 等人报道了在改性的 PVDF 中空纤维膜上形成 ZIF-8，具有极佳的 H_2 渗透率[高达 $201 \times 10^{-7} mol/(m^2 \cdot s \cdot Pa)$]和理想的 H_2/CO_2 选择性。

中科院大连化学物理研究所杨维慎教授课题组通过低速球磨与超声结合的方法成功剥离 $Zn_2(bim)_4$ 纳米片并将其组装成膜。与普遍认为的纳米片有序堆叠有利于提升膜性能的观念不同，他们发现抽滤方法会使二维 MOFs 纳米片重新堆叠成有序的三维 MOFs 结构，阻碍分子通过筛分孔道（图 4-8），而采用热滴涂法可实现 MOFs 纳米片的无序堆叠，从而充分利用二维 MOFs 片层面内的传质通道，使得膜的 H_2 渗透速率达到 2700GPU，H_2/CO_2 选择性高达 291。因此，通过调控纳米片的堆叠方式，可最大化利用面内传质效率，获得极高的膜分离性能。

 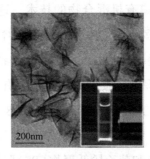 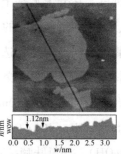

(a)合成的$Zn_2(bim)_4$的SEM图像，插图显示了$Zn_2(bim)_4$的类型片状形态　　(b)$Zn_2(bim)_4$的SEM图像，插图显示了胶体悬浮液的丁达尔效应　　(c)轻敲模式下硅片上$Zn_2(bim)_4$的AFM图像，下为沿黑线方向的薄膜高度分布图

图 4-8　MOFs 纳米片及超薄 MOFs 膜的制备

Zhang 及其同事率先采用不同策略制备了用于 H_2/CO_2 分离的高度定向、连续和可扩展的管状 ZIF 纳米片膜。他们在膜直接生长过程中借助氨作为调节剂进行氧化锌自缩合，制备出了厚度为 50nm 的纳米片膜，其 H_2 渗透率为 $2.04 \times 10^{-7} mol/(m^2 \cdot s \cdot Pa)$，对 H_2/CO_2、H_2/N_2 和 H_2/CH_4 的理想选择性分别为 53、67 和 90。Liu 及其同事证明了高碳取向 $NH_2-MIL-125(Ti)$ 膜的制备过程，由于消除了晶粒缺陷以及减少了扩散障碍，其 H_2/CO_2 选择性值比随机取向的同类膜高出 6 倍。

4.4.2.3　MOFs 膜材料在液体分离中的应用研究

MOFs 材料也可以应用于液体的分离，下面对应用在水处理、有机溶剂纳滤和渗透蒸发等方面的 MOFs 材料进行报告。

由于目前对饮用水的需求不断增加，人们对开发废水处理和海水淡化的新技术产生了极大的兴趣。通常情况下，通过聚合物膜过滤去除杂质的，这种膜的成本和能耗都很低。然而，聚合物材料并不总能满足高渗透性和高排斥性的必要要求，这限制了它们的使用。Kadhom 等人对用于膜脱盐和水处理的 MOFs 进行了研究，结果表明 MOFs 能显著提高膜的性能。2019 年，Téllez 和同事报道了利用 HKUST-1 和 ZIF-93 膜去除可溶性药物的实例。特别是，他们研究了从水溶液中去除双氯芬酸和萘普生的效果，HKUST-1 的透水率分别为 33.1L/($m^2 \cdot h \cdot bar$) 和 24.9L/($m^2 \cdot h \cdot bar$)，去除率超过 98%。

有机溶剂纳滤（OSN），又称耐溶剂纳滤（SRNF），是一种通过在膜上施加压力梯度，在分子水平上分离有机混合物的技术。这项技术被用于食品、生物精炼、石化和制药行业的大多数工艺中。MOFs 化学性质稳定、结构明确，可以提高膜的长期稳定性和选择性。Livingston 等人通过界面聚合法制备了薄膜纳米复合材料（TFN）膜，在交联聚酰亚胺多孔支撑物上有一层聚酰胺（PA）薄膜层，以及孔径范围为 50~150nm 的 MOFs 纳米颗粒[ZIF-8、MIL-53（Al）、NH_2-MIL-53（Al）和 MIL-101（Cr）]。TFN 膜的有机溶剂纳滤性能通过溶剂渗透率甲醇（MeOH）、四氢呋喃（THF）和苯乙烯低聚物（PS）阻隔率进行评估。与不含 MOFs 的相同膜相比，MeOH 和 THF 的渗透率有所提高，而 PS 的阻隔率仍高于 90%。这项研究表明，溶剂渗透率随 MOFs 孔径和孔隙率的增加而增加。

渗透汽化分离是制药和化学工业中一种潜在的液体小分子混合物分离技术。与蒸馏等传统技术相比，渗透蒸发是一种节能且高选择性的技术。MOFs 具有良好的有机相容性和多功能性，是制备渗透蒸发复合膜的理想材料。

Jia 等人首次将 Zr-MOFs、UiO-66、UiO-66-OH、UiO-66-$(OH)_2$ 和 UiO-67 引入聚合膜（PVA）中，用于制备渗透复合膜。聚合膜（PVA）中，通过渗透蒸发实现乙醇脱水。通过在有机膜上引入—OH 基团，成功地增强了 Zr-MOFs 与 PVA 基体之间的相互作用以及 MMMs 的渗透性能。当 UiO-66-$(OH)_2$ 的最佳负载量为 1.0%（质量百分比）时，与原始膜相比，透水性和选择性分别提高了 24% 和 10%，而膨胀度降低了 28%，使其成为一种潜在的乙醇脱水膜。

对于这种应用，膜在操作条件下的稳定性非常重要。众所周知，某些类型的

MOFs 和 COFs 在水和酸/碱溶液中的稳定性较差,这限制了它们的适用性。

4.5 COFs 膜材料的应用

COFs 是受 MOFs 的启发,通过硼、碳、氮和氧等轻元素之间可逆的强共价键合成的。COFs 中的纯有机成分使其密度更低,与其他有机材料的相容性更好。但这两种结晶多孔材料都具有永久多孔性、极高的比表面积、高热稳定性以及在有机和水介质、酸和碱中出色的化学稳定性。这些结构的功能性和实用性通常比聚合物材料更强,这是因为它们的孔隙结构更清晰、尺寸分布更窄、孔隙稳定性更高,而且孔隙尺寸可根据所用构件的尺寸进行调整。这些特性使它们成为气体储存、催化、电化、气体分离、传感器和医药等领域许多应用的理想候选材料。

4.5.1 COFs 膜材料在电子器件中的应用

在电子器件应用中,COFs 材料是以薄膜形式存在的。由于 COFs 材料溶解性与成膜性能差,使得基于 COFs 材料的电子器件性能较低。为解决这一难题,中国科学院于贵及其研究团队原位生长了高质量的 COFs 薄膜并构筑了高性能忆阻器。他们利用胺醛缩合反应,合成了具有给体-受体(D-A)结构的 2 个结晶性良好的 COFs 材料,2 个 COFs 材料分别含有不同的给体连二噻吩和二噻吩乙烯,给体不同可导致不同的带隙、孔大小、分子内和分子间相互作用,均具有良好的热稳定性。在此基础上,他们制备了高质量的 COFs 薄膜,通过把 ITO 衬底放在反应溶液中,改变前驱体的浓度来调控薄膜的厚度、表面粗糙度和薄膜的质量,获得了具有良好结晶性、分子平行衬底堆积的 COFs 薄膜,并通过热蒸镀银电极制备了忆阻器。该器件具有可擦写的开关功能,表现出优秀的忆阻性能,驱动电压为 1.30V,开关比为 10^5,保留时间为 $3.3×10^4$ s。

4.5.2 COFs 膜材料作为分离膜的应用研究

COFs 具有孔径均一的纳米通道、有机单元可调的多功能性以及出色的化学稳定性。因此,二维 COFs 纳米片同样有望用于制备高性能分离膜。天津大学姜忠义教授课题组提出一种混合维度组装的策略,将一维的纤维素纳米纤维与二维

COFs 纳米片通过真空抽滤法组装成膜(图 4-9)。基于纳米纤维的部分遮蔽效应,将 COFs 孔径减小至 0.45~1nm,以提升其分子筛分性能;同时,COFs 与纳米纤维之间的相互作用有利于提升膜结构的稳定性。实验结果表明,COFs/纳米纤维复合膜展现出优异的溶剂脱水性能[水通量:8.53kg/($m^2 \cdot h$),正丁醇/水分离因子:3876],且对 Na_2SO_4 的截留率高达 96.8%,水渗透速率达到 42.8L/($m^2 \cdot h \cdot bar$)。上述二维材料与高分子杂化的膜制备方法,不仅能提高膜的分离性能,还可提升膜的机械加工性能与结构稳定性,是一种具有规模化制备前景的二维材料膜制备方法。

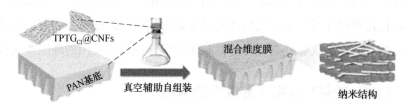

图 4-9　混合维度组装 COFs/纳米纤维复合膜

目前每年约有 7×10^5 t 染料用于纺织、印刷、皮革、包装和化妆品等领域。这些染料在着色过程中有 10%~15%被排放到水体中,这些染料废水具有致癌和诱变的潜在危害,会造成严重的健康和生态问题。而大多数 COFs 材料的自身孔径大小为 1~3nm,因此这类材料特别适合用于染料分离。近年来,COFs 作为膜材料制备 COFs 膜用于去除染料过程的报道已经有很多。

其中一种常用的手段是利用界面合成法制备 COFs 膜。Dey 等人报道了四种界面结晶合成的 COFs(Tp-Bpy、Tp-Azo、Tp-Ttba 和 Tp-Tta)无支撑薄膜[图 4-10(a)],在这些 COFs 膜中,Tp-Bpy COFs 膜对蓝-G、刚果红、酸性品红和罗丹明四种染料的截留率分别高达 94%、80%、97% 和 98%,同时具有 211L/($m^2 \cdot h \cdot bar$)的水通量。Wang 的课题组提出了一项研究,他们利用三醛基间苯三酚(Tp)和对苯二胺(Pa)在聚砜(PSF)底膜上直接界面聚合常温下生长亚胺型 COFs,从而得到 TpPa/PSF 复合膜,制备得到的复合膜对刚果红染料有99.5%的稳定截留率[图 4-10(b)]。

Banerjee 的团队开发了基于烘烤反应前驱体的简单策略,制备了自支撑的结晶 COFs 膜[图 4-11(a)],他们合成的 M-TpBD COFs 膜对孟加拉玫瑰红、刚果红和亚甲基蓝的染料截留率分别为99%、96%和94%,水通量在120L/(m² · h · bar)左右。最近,Zhang 的团队通过原位生长的方法将 COF-1 晶体植入氧化石墨烯(GO)膜表面[图 4-11(b)],COF-1 的尺寸筛分和氧化石墨烯纳米片适当的层间间距发挥协同作用,对刚果红、亚甲基蓝、活性黑 5 和直接红的截留率均高达 99%。同年,Sun 的课题组通过真空过滤结合热压的方法将 COF-TpPa 嵌入 GO 膜中用于染料分离,所制备的复合膜(HP-COF-TpPa/GO)在常用 pH 条件下表现出较高的稳定性,对亚甲基蓝的有效截留率为 97.05%,渗透通量为166.8L/(m² · h · bar)。此外,Ning 等人证明了一种化学选择性的水杨基苯胺 COFs(SA-COF)经历了溶剂触发的互变异构体切换。伴随着互变异构化,COFs 的离子性质可以可逆地调节,这使 SA-COF 孔隙发生可调节的功能化,有利于其基于孔径筛分、电荷排斥和功能化作用进行分子分离。

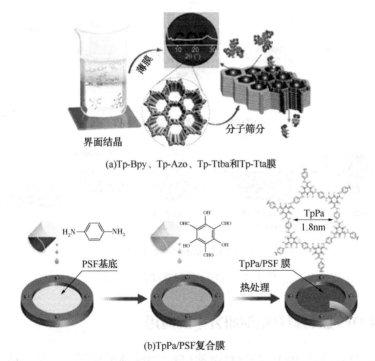

(a)Tp-Bpy、Tp-Azo、Tp-Ttba和Tp-Tta膜

(b)TpPa/PSF复合膜

图 4-10 界面合成法制备 COFs 膜两例

在 COFs 方面,Caro 及其同事报道了一种通过原位合成在氧化铝管上生长的稳定的二维亚胺 COF-LZU1 膜,可用于分离水或盐溶液中的染料。这种 400nm

厚的膜显示出的透水值[约 760L/(m²·h·MPa)]高于商业和其他报道的纳滤膜,对大于 1.2nm 的染料的剔除率大于 90%。其他学者也报道了基于 COFs 的染料分离膜的制备,显示出有意思的结果。最近,Wang 和同事通过改变合成条件,成功制备了基于亚胺连接 COFs 的超滤膜和纳滤膜。这些膜对水或有机溶液中的染料以及蛋白质溶液的分离效率很高,甚至高于其他报道的由 MOFs 制备的膜。在另一种方法中,Xu 等人利用 COFs TpPa-2 卓越的水解和化学特性制备了 0.2%(质量百分比)TpPa-2@PSF 混合基质膜,结果表明该膜在去除水中有机污染物方面的性能有了显著提高。与 MOFs 类似,一些基于 COFs 的膜也被测试用于海水淡化。例如,Wu 和同事报道了由分散在聚酰胺(PA)中的 SNW-1 COFs 形成并支撑在聚醚砜(PES)基底上的纳米复合薄膜(TFN),与原始膜相比,其水流量增加了一倍,对 Na_2SO_4 的去除率超过 80%。

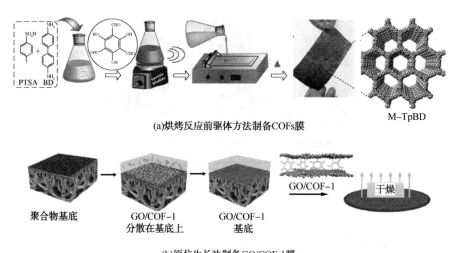

(a)烘烤反应前驱体方法制备COFs膜

(b)原位生长法制备GO/COF-1膜

图 4-11　COFs 膜制备过程示意图

4.5.3　COFs 膜材料在电池研究中的应用

聚合物电解质膜(PEM)是燃料电池(FC)的关键组成部分,是一种清洁能源替代品。理想的离子交换膜必须满足以下要求:①高离子传导性;②零电子传导性;③低渗透性以避免交叉污染;④在燃料电池工作条件下具有良好的化学稳定性和热稳定性;⑤薄膜加工性和稳定性;⑥高使用寿命;⑦低成本。最常用的

PEM 材料之一是杜邦公司开发的 Nafion。然而，其生产成本高昂以及在高温下脱水导致导电率下降等问题也随之而来。为了解决这些问题，需要一种替代膜。COFs 是质子传导应用的理想候选材料，因为它们提供了表征离子传导途径和机制的机会，而其他固体电解质由于其无定形性质，很难做到这一点。COFs 作为燃料电池的电解质研究目前还比较少，Banerjee 和同事率先在实际操作条件下将COFs 用作 H_2/O_2 燃料电池的固态电解质。他们的研究表明，负载 H_3PO_4 的联吡啶官能化 COFs 改善了所得材料的机械性和质子传导性。如前文所述，生成的COFs 颗粒的物理特性限制了其在燃料电池中的性能。在这方面，Montoro 等人利用亚胺基 COFs 制备出了一种准透明的柔性薄膜，该薄膜具有很高的电导率（323K 时为 1.1×10^{-2} S/cm）。将这种新型薄膜集成到单个 H_2/O_2 PEMFC 中后，最大功率密度峰值为 12.95mW/cm^2，最大电流密度为 53.1mA/cm^2。在随后的报告中，Banerjee 及其同事使用氨基对甲苯磺酸制备了三种不同的独立、柔性、多孔 COFs 膜，这些膜都表现出高质子电导率。特别是，PTSA@TpAzo 显示出极高的质子电导率（在 95%相对湿度条件下，温度为 80℃时为 7.8×10^{-2} S/cm），和迄今为止所报道的结晶多孔有机聚合物的最高功率密度之一（24mW/cm^2）。

参 考 文 献

[1] 王文军，刘金凤. LB 膜的制备及其在光学中的应用. 应用光学, 2004(1)：52.

[2] Rayleigh. Surface Tension. *Nature*, 1891, 43(1115)：437.

[3] Langmuir I. The constitution and fundamental properties of solids and liquids. II. Liquids. 1. *Journal of the American Chemical Society*, 1917, 39(9)：1848.

[4] Blodgett K. B., Langmuir I. Built-Up Films of Barium Stearate and Their Optical Properties. *Physical Review*, 1937, 51(11)：964.

[5] 崔大付. LB 膜的物理性能与应用. 物理, 1996(1)：54.

[6] Kuhn H. Functionalized monolayer assembly manipulation. *Thin Solid Films*, 1983, 99(1)：1.

[7] George L. G. Jr. Thermodynamic relationships for mixed insoluble monolayers. *Journal of Colloid and Interface Science*, 1966, 21 (3)：315-319.

[8] Kumar A., Biebuyck H. A., Whitesides G. M. Patterning Self-Assembled Monolayers：Applications in Materials Science. *Langmuir*, 1994, 10(5)：1498.

[9] Aizenberg J., Black A. J., Whitesides G. M. Control of crystal nucleation by patterned self-assembled monolayers. *Nature*, 1999, 398(6727)：495.

[10] Dunitz J. D., Gavezzotti A. How molecules stick together in organic crystals：Weak intermolecular interactions. (1460-4744(Electronic)).

[11] Bigelow W. C., Pickett D. L., Zisman W. A. Oleophobic monolayers：I. Films adsorbed from solution in non-polar liquids. *Journal of Colloid Science*, 1946, 1(6)：513.

[12] Blackman L. C. F., Dewar M. J. S. Promoters for the dropwise condensation of steam. Part III. Preparation of silicon and phosphorus compounds. *Journal of the Chemical Society (Resumed)*, 1957, DOI：10. 1039/JR9570000169 10. 1039/JR9570000169(0)：169.

[13] Sagiv J. Organized monolayers by adsorption. 1. Formation and structure of oleophobic mixed monolayers on solid surfaces. *Journal of the American Chemical Society*, 1980, 102(1)：92.

[14] Nuzzo R. G., Allara D. L. Adsorption of bifunctional organic disulfides on gold surfaces. *Journal of the American Chemical Society*, 1983, 105, 4481.

[15] Halik M Fau-Hirsch A., Hirsch A. The potential of molecular self-assembled monolayers in organic electronic devices. [1521-4095(Electronic)].

[16] Vericat C., Vela Me Fau-Benitez G., Benitez G Fau-Carro P., et al. Self-assembled monolayers of thiols and dithiols on gold：New challenges for a well-known system. [1460-4744(E-

lectronic）］.

［17］Laibinis P. E., Bain C. D., Whitesides G. M. Attenuation of photoelectrons in monolayers of n-alkanethiols adsorbed on copper, silver, and gold. *The Journal of Physical Chemistry*, 1991, 95(18): 7017.

［18］Aoki H., Bühlmann P., Umezawa Y. Electrochemical detection of a one-base mismatch in an oligonucleotide using ion-channel sensors with self-assembled PNA monolayers. *Electroanalysis*, 2000, 12, 1272.

［19］Novoselov K. S., Geim Ak Fau-Morozov S. V., Morozov Sv Fau-Jiang D., et al. Electric field effect in atomically thin carbon films. ［1095-9203(Electronic)］.

［20］Cao F. F., Zhao M. T., Yu Y. F., et al. Synthesis of Two-Dimensional CoS1. 097/ Nitrogen-Doped Carbon Nanocomposites Using Metal-Organic Framework Nanosheets as Precursors for Supercapacitor Application. *Journal of the American Chemical Society*, 2016, 138 (22): 6924.

［21］Ong W. J., Tan L. L., Ng Y. H., et al. Graphitic Carbon Nitride(g-C$_3$N$_4$)-Based Photocatalysts for Artificial Photosynthesis and Environmental Remediation: Are We a Step Closer To Achieving Sustainability? *Chemical Reviews*, 2016, 116(12): 7159.

［22］Shamsi J., Dang Z. Y., Bianchini P., et al. Colloidal Synthesis of Quantum Confined Single Crystal CsPbBr$_3$ Nanosheets with Lateral Size Control up to the Micrometer Range. *Journal of the American Chemical Society*, 2016, 138(23): 7240.

［23］Feng B. J., Zhang J., Zhong Q., et al. Experimental realization of two-dimensional boron sheets. *Nature Chemistry*, 2016, 8(6): 564.

［24］Eguchi M., Shimada T., Inoue H., et al. Kinetic Analysis by Laser Flash Photolysis of Porphyrin Molecules' Orientation Change at the Surface of Silicate Nanosheet. *Journal of Physical Chemistry C*, 2016, 120(13): 7428.

［25］Fan X. B., Xu P. T., Li, Y. C., et al. Controlled Exfoliation of MoS$_2$ Crystals into Trilayer Nanosheets. *Journal of the American Chemical Society*, 2016, 138(15): 5143.

［26］Tan C. L., Zhao, W., Chaturvedi, A., et al. Preparation of Single-Layer MoS$_{2x}$Se2$_{(1-x)}$ and Mo$_x$W$_{1-x}$S$_2$ Nanosheets with High-Concentration Metallic 1T Phase. *Small*, 2016, 12 (14): 1866.

［27］Zhou J., Zha X. H., Chen F. Y., et al. A Two-Dimensional Zirconium Carbide by Selective Etching of Al$_3$C$_3$ from Nanolaminated Zr$_3$Al$_3$C$_5$. *Angewandte Chemie-International Edition*, 2016, 55(16): 5008.

［28］DoganovR. A., O'Farrell E. C. T., Koenig S. P., et al. Transport properties of pristine few-layer black phosphorus by van der Waals passivation in an inert atmosphere. *NATURE COMMUNICATIONS*, 2015, 6.

［29］Youngblood N., Chen C., Koester S. J., et al. Waveguide-integrated black phosphorus photo-detector with high responsivity and low dark current. *Nature Photonics*, 2015, 9(4): 247.

［30］Hafeez M., Gan L., Li H. Q., et al. Chemical Vapor Deposition Synthesis of Ultrathin Hexa-gonal ReSe$_2$ Flakes for Anisotropic Raman Property and Optoelectronic Application. *Advanced Materials*, 2016, 28(37): 8296.

［31］Nasilowski M., Mahler B., Lhuillier E., et al. Two – Dimensional Colloidal Nanocrystals. *Chemical Reviews*, 2016, 116(18): 10934.

［32］Ping J. F., Wang Y. X., Lu Q. P., et al. Self-Assembly of Single-Layer CoAl-Layered Double Hydroxide Nanosheets on 3D Graphene Network Used as Highly Efficient Electrocatalyst for Oxygen Evolution Reaction. *Advanced Materials*, 2016, 28(35): 7640.

［33］Sakamoto R., Hoshiko K., Liu Q., et al. A photofunctional bottom-up bis(dipyrrinato)zinc (II)complex nanosheet. *Nature Communications*, 2015, 6.

［34］Sun Z. H., Liu Q. H., Yao T., et al. X-ray absorption fine structure spectroscopy in nanoma-terials. *Science China-Materials*, 2015, 58(4): 313.

［35］Wang L., Zhu Y. H., Wang J. Q., et al. Two-dimensional gold nanostructures with high ac-tivity for selective oxidation of carbon-hydrogen bonds. *Nature Communications*, 2015, 6.

［36］Hill H. M., Rigosi A. F., Rim K. T., et al. Band Alignment in MoS$_2$/WS$_2$ Transition Metal Dichalcogenide Heterostructures Probed by Scanning Tunneling Microscopy and Spectroscopy. *Nano Letters*, 2016, 16(8): 4831.

［37］Liu F. C., You L., Seyler K. L., et al. Room-temperature ferroelectricity in CuInP2S6 ultra-thin flakes. *Nature Communications*, 2016, 7.

［38］Voiry D., Yang J., Chhowalla M. Recent Strategies for Improving the Catalytic Activity of 2D TMD Nanosheets Toward the Hydrogen Evolution Reaction. *Advanced Materials*, 2016, 28 (29): 6197.

［39］Ares P., Aguilar–Galindo F., Rodriguez–San–Miguel D., et al. Mechanical Isolation of Highly Stable Antimonene under Ambient Conditions. *Advanced Materials*, 2016, 28 (30): 6332.

［40］Cao X. H., Tan C. L., Zhang X., et al. Solution-Processed Two-Dimensional Metal Dichal-cogenide-Based Nanomaterials for Energy Storage and Conversion. *Advanced Materials*, 2016,

28(29): 6167.

[41] Lu Q. P., Zhao M. T., Chen J. Z., et al. In Situ Synthesis of Metal Sulfide Nanoparticles Based on 2D Metal−Organic Framework Nanosheets. *Small*, 2016, 12(34): 4669.

[42] Mendoza−Sanchez B., Gogotsi Y. Synthesis of Two−Dimensional Materials for Capacitive Energy Storage. *Advanced Materials*, 2016, 28(29): 6104.

[43] Abbas A. N., Liu B. L., Chen L., et al. Black Phosphorus Gas Sensors. *Acs Nano*, 2015, 9 (5): 5618.

[44] Avsar A., Vera−Marun I. J., Tan J. Y., et al. Air−Stable Transport in Graphene−Contacted, Fully Encapsulated Ultrathin Black Phosphorus – Based Field – Effect Transistors. *Acs Nano*, 2015, 9(4): 4138.

[45] Seo B., Jung G. Y., Sa Y. J., et al. Monolayer−Precision Synthesis of Molybdenum Sulfide Nanoparticles and Their Nanoscale Size Effects in the Hydrogen Evolution Reaction. *Acs Nano*, 2015, 9(4): 3728.

[46] Mahmood Q., Kim M. G., Yun S., et al. Unveiling Surface Redox Charge Storage of Interacting Two – Dimensional Heteronanosheets in Hierarchical Architectures. *Nano Letters*, 2015, 15(4): 2269.

[47] Ribeiro H. B., Pimenta M. A., de Matos C. J. S., et al. Unusual Angular Dependence of the Raman Response in Black Phosphorus. *Acs Nano*, 2015, 9(4): 4270.

[48] Xu K., Chen P. Z., Li X. L., et al. Metallic Nickel Nitride Nanosheets Realizing Enhanced Electrochemical Water Oxidation. *Journal of the AMerican Chemical Society*, 2015, 137 (12): 4119.

[49] Lieth R. M. A. Preparation and Crystal Growth of Materials with Layered Structures, 1977.

[50] Cao S. W., Low J. X., Yu J. G., et al. Polymeric Photocatalysts Based on Graphitic Carbon Nitride. *Advanced Materials*, 2015, 27(13): 2150.

[51] Gong Q. F., Cheng L., Liu C. H., et al. Ultrathin $MoS_{2(1-x)}Se_{2x}$ Alloy Nanoflakes for Electro-catalytic Hydrogen Evolution Reaction. *Acs Catalysis*, 2015, 5(4): 2213.

[52] Howell S. L., Jariwala D., Wu C. C., et al. Investigation of Band−Offsets at Monolayer−Mul-tilayer MoS_2 Junctions by Scanning Photocurrent Microscopy. *Nano Letters*, 2015, 15 (4): 2278.

[53] Bandurin D., Tyurnina A., Yu G., et al. High Electron Mobility, Quantum Hall Effect and A-nomalous Optical Response in Atomically Thin InSe. *Nature nanotechnology*, 2016, 12.

[54] Liang X., Garsuch A., Nazar L. F. Sulfur Cathodes Based on Conductive MXene Nanosheets

for High – Performance Lithium – Sulfur Batteries. *Angewandte Chemie – International Edition*, 2015, 54(13): 3907.

[55] Yasaei P., Kumar B., Foroozan T., et al. High-Quality Black Phosphorus Atomic Layers by Liquid-Phase Exfoliation. *Advanced Materials*, 2015, 27(11): 1887.

[56] Wang F., Sendeku M. G. In Nanostructured Materials for Sustainable Energy: Design, Evaluation, and Applications. American Chemical Society, 2022, 1421.

[57] Kim S. Y., Kim T. Y., Sandilands L. J., et al. Charge – Spin Correlation in van der Waals Antiferromagnet. *Physical Review Letters*, 2018, 120(13): 136402.

[58] Tao L., Cinquanta E., Chiappe D., et al. Silicene field-effect transistors operating at room temperature. *Nature Nanotechnology*, 2015, 10(3): 227.

[59] Wildes A. R., Simonet V., Ressouche E., et al. The magnetic properties and structure of the quasi-two-dimensional antiferromagnet CoPS3. *Journal of Physics: Condensed Matter*, 2017, 29(45): 455801.

[60] Eswaraiah V., Zeng Q. S., Long Y., et al. Black Phosphorus Nanosheets: Synthesis, Characterization and Applications. *Small*, 2016, 12(26): 3480.

[61] Zhang X., Lai Z. C., Tan C. L., et al. Solution-Processed Two-Dimensional MoS2 Nanosheets: Preparation, Hybridization, and Applications. *Angewandte Chemie-International Edition*, 2016, 55(31): 8816.

[62] Guo Y., Wei X. L., Shu J. P., et al. Charge trapping at the MoS_2–SiO_2 interface and its effects on the characteristics of MoS_2 metal-oxide-semiconductor field effect transistors. *Applied Physics Letters*, 2015, 106(10).

[63] Wang J., Yang P., Wei X. W., et al. Preparation of NiO two-dimensional grainy films and their high – performance gas sensors for ammonia detection. *Nanoscale Research Letters*, 2015, 10.

[64] Yu Y. J., Yang F. Y., Lu X. F., et al. Gate-tunable phase transitions in thin flakes of 1T-TaS_2. *Nature Nanotechnology*, 2015, 10(3): 270.

[65] Andrews A. M., Liao W. S., Weiss P. S. Double-Sided Opportunities Using Chemical Lift-Off Lithography. *Accounts of Chemical Research*, 2016, 49(8): 1449.

[66] Kalantar – zadeh K., Ou J. Z., Daeneke T., et al. Two dimensional and layered transition metal oxides. *Applied Materials Today*, 2016, 5, 73.

[67] Tusche C., Meyerheim H. L., Kirschner J. Observation of Depolarized ZnO (0001) Monolayers: Formation of Unreconstructed Planar Sheets. *Physical Review Letters*, 2007, 99

(2): 026102.

[68] Schaak R. E., Mallouk T. E. Perovskites by Design: A Toolbox of Solid-State Reactions. *Chemistry of Materials*, 2002, 14(4): 1455.

[69] Song Y., Li X. M., Mackin C., et al. Role of Interfacial Oxide in High-Efficiency Graphene-Silicon Schottky Barrier Solar Cells. *Nano Letters*, 2015, 15(3): 2104.

[70] Cai L., He J. F., Liu Q. H., et al. Vacancy-Induced Ferromagnetism of MoS_2 Nanosheets. *Journal of the American Chemical Society*, 2015, 137(7): 2622.

[71] Zhou K. G., Zhao M., Chang M. J., et al. Size-Dependent Nonlinear Optical Properties of Atomically Thin Transition Metal Dichalcogenide Nanosheets. *Small*, 2015, 11(6): 694.

[72] Zhu C. B., Mu X. K., van Aken P. A., et al. Fast Li Storage in MoS_2-Graphene-Carbon Nanotube Nanocomposites: Advantageous Functional Integration of 0D, 1D, and 2D Nanostructures. *Advanced Energy Materials*, 2015, 5(4).

[73] Dong R. H., Pfeffermann M., Liang H. W., et al. Large-Area, Free-Standing, Two-Dimensional Supramolecular Polymer Single-Layer Sheets for Highly Efficient Electrocatalytic Hydrogen Evolution. *Angewandte Chemie-International Edition*, 2015, 54(41): 12058.

[74] Kim S. S., Lee J. W., Yun J. M., et al. 2-Dimensional MoS_2 nanosheets as transparent and highly electrocatalytic counter electrode in dye-sensitized solar cells: Effect of thermal treatments. *Journal of Industrial and Engineering Chemistry*, 2015, 29, 71.

[75] Liang L., Cheng H., Lei F. C., et al. Metallic Single-Unit-Cell Orthorhombic Cobalt Diselenide Atomic Layers: Robust Water-Electrolysis Catalysts. *Angewandte Chemie-International Edition*, 2015, 54(41): 12004.

[76] Lin S., Diercks C. S., Zhang Y. B., et al. Covalent organic frameworks comprising cobalt porphyrins for catalytic CO_2 reduction in water. *Science*, 2015, 349(6253): 1208.

[77] Tan C. L., Zhang H. Epitaxial Growth of Hetero-Nanostructures Based on Ultrathin Two-Dimensional Nanosheets. *Journal of the American Chemical Society*, 2015, 137(38): 12162.

[78] Wang H., Yang X. Z., Shao W., et al. Ultrathin Black Phosphorus Nanosheets for Efficient Singlet Oxygen Generation. *Journal of the American Chemical Society*, 2015, 137(35): 11376.

[79] 夏兵. 单分子膜和 LB 膜制备、性质及应用研究. 合肥: 安徽大学, 2003.

[80] Murray Rw Fau-Ewing A. G., Ewing Ag Fau-Durst R. A., Durst R. A. Chemically modified electrodes. Molecular design for electroanalysis. [0003-2700(Print)].

[81] 王璐. LB 膜修饰电极的制备与应用研究. 广东化工, 2012, 39(11): 127.

[82] Bilewicz R., Sawaguchi T., Chamberlain R. V., et al. Monomolecular Langmuir-Blodgett

Films at Electrodes. Electrochemistry at Single Molecule "Gate Sites". *Langmuir*, 1995, 11 (6): 2256.

[83] Talham D. R., Yamamoto T., Meisel M. W. Langmuir-Blodgett films of molecular organic materials. *Journal of Physics: Condensed Matter*, 2008, 20(18): 184006.

[84] Bertoncello P., Notargiacomo A., Nicolini C. Langmuir-Schaefer Films of Nafion with Incorporated TiO₂ Nanoparticles. *Langmuir*, 2005, 21(1): 172.

[85] 王文军, 吴成, 高学喜, 等. NMOB 分子 LB 膜的光谱及其非线性光学特性研究. 中国激光, 2005, (8): 1123.

[86] 张晓静, 贾天刚, 韩志超, 等. 一种含苯并菲侧基的"毛-棒"状梯形聚倍半硅氧烷 LB 膜研究(英文). 高分子学报, 2009, (6): 506.

[87] 王筠, 周路, 李全良, 等. LB 膜的制备及表征研究进展. 化工新型材料, 2019, 47 (4): 13.

[88] Li S. -H., Mu J., Wang W. -J., et al. Polarization of Hemicyanine Langmuir-Blodgett Films. *Chinese Physics Letters*, 2004, 21(5): 952.

[89] Holley C., Bernstein S. X-Ray Diffraction by a Film of Counted Molecular Layers. *Physical Review*, 1936, 49(5): 403.

[90] Matsuda A., Sugi M., Fukui T., et al. Structure study of multilayer assembly films. *Journal of Applied Physics*, 2008, 48(2): 771.

[91] Tweet A. G. Spectrometer for Optical Studies of Ultra-Thin Films. *Review of Scientific Instruments*, 2004, 34(12): 1412.

[92] Liu J. F., Lu Z. H., Yang K. Z. Langmuir-Blodgett films of poly-N-vinylcarbazole prepared by radical polymerization method. *Thin Solid Films*, 1998, 322(1): 308.

[93] Binnig G., Quate C. F., Gerber C. Atomic Force Microscope. *Physical Review Letters*, 1986, 56(9): 930.

[94] Ishiguro R., Sasaki D. Y., Pacheco C., et al. Interaction forces between metal-chelating lipid monolayers measured by colloidal probe atomic force microscopy. *Colloids and Surfaces A: Physicochemical and Engineering Aspects*, 1999, 146(1): 329.

[95] Garcia-Manyes S., Domènech Ò., Sanz F., et al. Atomic force microscopy and force spectroscopy study of Langmuir-Blodgett films formed by heteroacid phospholipids of biological interest. *Biochimica et Biophysica Acta(BBA)-Biomembranes*, 2007, 1768(5): 1190.

[96] Doron A., Joselevich E., Schlittner A., et al. AFM characterization of the structure of Au-colloid monolayers and their chemical etching. *Thin Solid Films*, 1999, 340(1): 183.

［97］杨小乐，孙润广，张静. LB 膜与 AFM 技术研究磷脂酰乙醇胺单分子膜结构. 液晶与显示，2006，（4）：348.

［98］王文军，刘金凤. LB 膜的制备及其在光学中的应用. 应用光学，2004，25（1）：52.

［99］张引. LB 组装技术及 LB 膜材料的研究进展. 吉林省教育学院学报，2010，26（12）：151.

［100］Noh J., Ito E., Nakajima K., et al. High-Resolution STM and XPS Studies of Thiophene Self-Assembled Monolayers on Au（111）. *Journal of Physical Chemistry B*, 2002, 106, 7139.

［101］Chechik V., Crooks R. M., Stirling C. J. M. Reactions and Reactivity in Self-Assembled Monolayers. *Advanced Materials*, 2000, 12(16): 1161.

［102］Rudra J. S., Kelly S. H., Collier J. H. In *Comprehensive Biomaterials II*, Ducheyne, P., Ed., Elsevier: Oxford, 2017, DOI: https: //doi. org/10. 1016/B978-0-12-803581-8. 10210-3.

［103］Love J. C., Estroff L. A., Kriebel J. K., et al. Self-Assembled Monolayers of Thiolates on Metals as a Form of Nanotechnology. *Chemical Reviews*, 2005, 105(4): 1103.

［104］Rajca A. An Introduction To Ultrathin Organic Films: From Langmuirblodgett To Self-Assembly. *Advanced Materials*, 1992, 4(4): 309.

［105］Bowden N. B., Weck M Fau-Choi I. S., Choi Is Fau-Whitesides G. M., et al. Molecule-mimetic chemistry and mesoscale self-assembly. ［0001-4842(Print)］.

［106］Sellers H., Ulman A., Shnidman Y., et al. Structure and binding of alkanethiolates on gold and silver surfaces: Implications for self-assembled monolayers. *Journal of the American Chemical Society*, 1993, 115(21): 9389.

［107］Cygan M. T., Dunbar T. D., Arnold, J. J., et al. Insertion, Conductivity, and Structures of Conjugated Organic Oligomers in Self-Assembled Alkanethiol Monolayers on Au｛111｝. *Journal of the American Chemical Society*, 1998, 120(12): 2721.

［108］Liu X., Chen S., Ma H., et al. Protection of iron corrosion by stearic acid and stearic imidazoline self-assembled monolayers. *Applied Surface Science*, 2006, 253(2): 814.

［109］Effenberger F., Götz G., Bidlingmaier B., et al. Photoactivated Preparation and Patterning of Self-Assembled Monolayers with 1-Alkenes and Aldehydes on Silicon Hydride Surfaces. ［1521-3773(Electronic)］.

［110］Yuan S. L., Cai Z. T., Jiang Y. S. Molecular simulation study of alkyl monolayers on the Si （111）surface. *New Journal of Chemistry*, 2003, 27(3): 626.

［111］Tao Y. T. Structural comparison of self-assembled monolayers of n-alkanoic acids on the surfaces of silver, copper, and aluminum. *Journal of the American Chemical Society*, 1993, 115, 4350.

[112] O'Dwyer C., Gay G., Viaris de Lesegno B., et al. The Nature of Alkanethiol Self-Assembled Monolayer Adsorption on Sputtered Gold Substrates. *Langmuir*, 2004, 20 (19): 8172.

[113] Cooper E., Leggett G. Influence of tail-group hydrogen bonding on the stabilities of self-assembled monolayers of alkylthiols on gold. *Langmuir*, 1999, 15: 1024.

[114] Bandyopadhyay D., Prashar D., Luk Y. Y. Stereochemical effects of chiral monolayers on enhancing the resistance to mammalian cell adhesion. *Chemical Communications*, 2011, 47 (21): 6165.

[115] Ulman A. Formation and Structure of Self-Assembled Monolayers. *Chemical Reviews*, 1996, 96(4): 1533.

[116] 李秀娟. 自组装单分子膜的动力学过程研究. 兰州: 西北师范大学, 2008.

[117] Nicholson R. S. Theory and Application of Cyclic Voltammetry for Measurement of Electrode Reaction Kinetics. *Analytical Chemistry*, 1965, 37, 1351.

[118] Segal K. R., Van Loan M Fau-Fitzgerald P. I., Fitzgerald Pi Fau-Hodgdon J. A., et al. Lean body mass estimation by bioelectrical impedance analysis: a four-site cross-validation study. [0002-9165(Print)].

[119] Anson F. C. Innovations in the Study of Adsorbed Reactants by Chronocoulometry. *Analytical Chemistry*, 1966, 38, 54.

[120] Hollander J. M., Jolly W. L. X-ray photoelectron spectroscopy. *Accounts of Chemical Research*, 1970, 3(6): 193.

[121] Hopster H., Ibach H. Adsorption of CO on Pt(111) and Pt 6(111)×(111) studied by high resolution electron energy loss spectroscopy and thermal desorption spectroscopy. *Surface Science*, 1978, 77(1): 109.

[122] Bain C. D., Troughton E. B., Tao Y. T., et al. Formation of monolayer films by the spontaneous assembly of organic thiols from solution onto gold. *Journal of the American Chemical Society*, 1989, 111(1): 321.

[123] Osawa M. Dynamic Processes in Electrochemical Reactions Studied by Surface-Enhanced Infrared Absorption Spectroscopy(SEIRAS). *Bulletin of the Chemical Society of Japan*, 1997, 70 (12): 2861.

[124] 邵会波, 于化忠, 张浩力, 等. 偶氮苯自组装单分子膜中长程电子转移机理. 物理化学

学报, 1998, (9): 772-777.

[125] 邵会波, 于化忠, 程广军, 等. 偶氮苯硫醇衍生物自组装成膜过程考察. 物理化学学报, 1998, (9): 846-851.

[126] 崔晓莉, 李俊新, 童汝亭. 自组装膜的几何厚度与电化学表观有效厚度. 电化学, 2000, 6(4): 417-420.

[127] Troughton E. B., Bain C. D., Whitesides G. M., et al. Monolayer films prepared by the spontaneous self-assembly of symmetrical and unsymmetrical dialkyl sulfides from solution onto gold substrates: Structure, properties, and reactivity of constituent functional groups. *Langmuir*, 1988, 4(2): 365.

[128] Frubőse C., Doblhofer K. In situ quartz-microbalance study of the self-assembly and stability of aliphatic thiols on polarized gold electrodes. *Journal of the Chemical Society*, *Faraday Transactions*, 1995, 91(13): 1949.

[129] Porter M. D., Bright T. B., Allara D. L., et al. Spontaneously organized molecular assemblies. 4. Structural characterization of n-alkyl thiol monolayers on gold by optical ellipsometry, infrared spectroscopy, and electrochemistry. *Journal of the American Chemical Society*, 1987, 109(12): 3559.

[130] Gui J. Y., Stern D. A., Frank D. G., et al. Adsorption and surface structural chemistry of thiophenol, benzyl mercaptan, and alkyl mercaptans. Comparative studies at silver(111) and platinum(111) electrodes by means of Auger spectroscopy, electron energy loss spectroscopy, low energy electron diffraction and electrochemistry. *Langmuir*, 1991, 7(5): 955.

[131] Ito E., Yamamoto M., Kajikawa, K., et al. Orientational Structure of Thiophene Thiol Self-Assembled Monolayer Studied by Using Metastable Atom Electron Spectroscopy and Infrared Reflection Absorption Spectroscopy. *Langmuir*, 2001, 17(14): 4282.

[132] Tan C., Cao X., Wu, X. J., et al. Recent Advances in Ultrathin Two-Dimensional Nanomaterials. *Chemical Reviews*, 2017, 117(9): 6225.

[133] Furukawa H., Cordova Ke Fau-O'Keeffe M., O'Keeffe M Fau-Yaghi O. M., et al. The chemistry and applications of metal-organic frameworks. [1095-9203(Electronic)].

[134] Yang S., Karve V. V., Justin A., et al. Enhancing MOF performance through the introduction of polymer guests. *Coordination Chemistry Reviews*, 2021, 427, 213525.

[135] Kreno L. E., Leong K Fau-Farha O. K., Farha Ok Fau-Allendorf M., et al. Metal-organic framework materials as chemical sensors. [1520-6890(Electronic)].

[136] Jiao L., Jiang H. L. Metal-Organic-Framework-Based Single-Atom Catalysts for Energy Ap-

plications. *Chem*, 2019, 5(4): 786.

[137] Xiao J. D., Jiang H. L. Metal-Organic Frameworks for Photocatalysis and Photothermal Catalysis. *Accounts of Chemical Research*, 2019, 52(2): 356.

[138] Hermes S., Schröder F Fau-Chelmowski R., Chelmowski R Fau-Wöll C., et al. Selective nucleation and growth of metal-organic open framework thin films on patterned COOH/CF$_3$-terminated self-assembled monolayers on Au(111). [0002-7863(Print)].

[139] 余莹. 维结构规则有序的金属有机框架薄膜的制备及其性质研究. 南京: 南京邮电大学, 2021.

[140] Genesio G., Maynadié J., Carboni M., et al. Recent status on MOF thin films on transparent conductive oxides substrates(ITO or FTO). *New Journal of Chemistry*, 2018, 42(4): 2351.

[141] Vijayamohanan K., Aslam M. Applications of self-assembled monolayers for biomolecular electronics. [0273-2289(Print)].

[142] Qin X. S. Y., Wang N, Xie Y, et al. Surface modifications for preparation of MOF thin films. *Chemical Industry and Engineering Progress*, 2017, 36(04): 1306.

[143] Zhuang J. L., Terfort A., Wöll C. Formation of oriented and patterned films of metal-organic frameworks by liquid phase epitaxy: A review. *Coordination Chemistry Reviews*, 2016, 307, 391.

[144] Liu Y., Pan J. H., Wang N., et al. Remarkably Enhanced Gas Separation by Partial Self-Conversion of a Laminated Membrane to Metal-Organic Frameworks. *Angewandte Chemie International Edition*, 2015, 54(10): 3028.

[145] Janghouri M., Hosseini H. Water-Soluble Metal-Organic Framework Hybrid Electron Injection Layer for Organic Light-Emitting Devices. *Journal of Inorganic and Organometallic Polymers and Materials*, 2017, 27, 1800.

[146] Wang N., Liu Y., Qiao Z., et al. Polydopamine-based synthesis of a zeolite imidazolate framework ZIF-100 membrane with high H$_2$/CO$_2$ selectivity. *Journal of Materials Chemistry A*, 2015, 3(8): 4722.

[147] Hou J., Sutrisna P. D., Zhang Y., et al. Formation of Ultrathin, Continuous Metal-Organic Framework Membranes on Flexible Polymer Substrates. [1521-3773(Electronic)].

[148] Virmani E., Rotter J. M., Mähringer, A., et al. On-Surface Synthesis of Highly Oriented Thin Metal-Organic Framework Films through Vapor-Assisted Conversion. [1520-5126(Electronic)].

[149] Fan L., Xue M., Kang Z., et al. ZIF-78 membrane derived from amorphous precursors with

permselectivity for cyclohexanone/cyclohexanol mixture. *Microporous and Mesoporous Materials*, 2014, 192, 29.

[150] Makiura R., Motoyama S., Umemura Y., et al. Surface nano-architecture of a metal-organic framework. *Nature Materials*, 2010, 9(7): 565.

[151] Amo-Ochoa P., Welte L Fau-González-Prieto R., González-Prieto R Fau-Sanz Miguel P. J., et al. Single layers of a multifunctional laminar Cu(I, II) coordination polymer. [1364-548X(Electronic)].

[152] Tan J. C., Saines Pj Fau-Bithell E. G., Bithell Eg Fau-Cheetham A. K., et al. Hybrid nanosheets of an inorganic-organic framework material: Facile synthesis, structure, and elastic properties. [1936-086X(Electronic)].

[153] Saines P. J., Steinmann M Fau-Tan J. -C., Tan Jc Fau-Yeung H. H. M., et al. Isomer-directed structural diversity and its effect on the nanosheet exfoliation and magnetic properties of 2, 3-dimethylsuccinate hybrid frameworks. [1520-510X(Electronic)].

[154] Saines P. J., Tan J. -C., Yeung, H. H. M., et al. Layered inorganic-organic frameworks based on the 2, 2-dimethylsuccinate ligand: Structural diversity and its effect on nanosheet exfoliation and magnetic properties. *Dalton Transactions*, 2012, 41(28): 8585.

[155] López-Cabrelles J. A. -O., Mañas-Valero S. A. -O., Vitórica-Yrezábal I. J., et al. Isoreticular two-dimensional magnetic coordination polymers prepared through pre-synthetic ligand functionalization. [1755-4349(Electronic)].

[156] Chandrasekhar P., Mukhopadhyay A., Savitha G., et al. Orthogonal self-assembly of a trigonal triptycene triacid: Signaling of exfoliation of porous 2D metal-organic layers by fluorescence and selective CO_2 capture by the hydrogen-bonded MOF. *Journal of Materials Chemistry A*, 2017, 5(11): 5402.

[157] Garai B., Mallick A., Das A., et al. Self-Exfoliated Metal-Organic Nanosheets through Hydrolytic Unfolding of Metal-Organic Polyhedra. [1521-3765(Electronic)].

[158] Ding Y., Chen Y. -P., Zhang X., et al. Controlled Intercalation and Chemical Exfoliation of Layered Metal-Organic Frameworks Using a Chemically Labile Intercalating Agent. *Journal of the American Chemical Society*, 2017, 139(27): 9136.

[159] Gascon J., Aguado S., Kapteijn F. Manufacture of dense coatings of $Cu_3(BTC)_2(HKUST-1)$ on α-alumina. *Microporous and Mesoporous Materials*, 2008, 113(1): 132.

[160] Hermes S., Schröder F., Chelmowski, R., et al. Selective Nucleation and Growth of Metal-Organic Open Framework Thin Films on Patterned $COOH/CF_3$-Terminated Self-Assembled

Monolayers on Au(111). *Journal of the American Chemical Society*, 2005, 127(40): 13744.

[161] Yao M. A. -O., Lv X. J., Fu Z. H., et al. Layer-by-Layer Assembled Conductive Metal-Organic Framework Nanofilms for Room-Temperature Chemiresistive Sensing. [1521-3773(Electronic)].

[162] Ikigaki K. A. -O., Okada K. A. -O. X., Tokudome Y. A. -O., et al. MOF-on-MOF: Oriented Growth of Multiple Layered Thin Films of Metal-Organic Frameworks. [1521-3773 (Electronic)].

[163] Bétard A., Fischer R. A. Metal-organic framework thin films: from fundamentals to applications. [1520-6890(Electronic)].

[164] Worrall S. D., Bissett, M A., Hill P. I., et al. Metal-organic framework templated electrodeposition of functional gold nanostructures. *Electrochimica Acta*, 2016, 222, 361.

[165] Shekhah O., Wang H Fau-Zacher D., Zacher D Fau-Fischer R. A., et al. Growth mechanism of metal-organic frameworks: insights into the nucleation by employing a step-by-step route. [1521-3773(Electronic)].

[166] Shekhah O. Layer-by-Layer method for the synthesis and growth of surface mounted metal-organic frameworks (SURMOFs). *Materials*, 2010, 3: 1302-1315.

[167] Fischer R. A., Wöll C. Layer-by-layer liquid-phase epitaxy of crystalline coordination polymers at surfaces. [1521-3773(Electronic)].

[168] 邵兰兴. MOFs 薄膜的可控生长及其在电化学和荧光传感的应用. 贵州: 贵州师范大学, 2022.

[169] Nan J., Dong, X., Wang W., et al. Step-by-Step Seeding Procedure for Preparing HKUST-1 Membrane on Porous α-Alumina Support. *Langmuir*, 2011, 27(8): 4309.

[170] Arnold M., Kortunov P., Jones D. J., et al. Oriented Crystallisation on Supports and Anisotropic Mass Transport of the Metal-Organic Framework Manganese Formate. *European Journal of Inorganic Chemistry*, 2007, 2007, 60.

[171] 武晓珂. ZIF 膜的结构设计及其气体分离性能研究. 杭州: 浙江大学, 2022.

[172] Liu Y., Ng Z., Khan E. A., et al. Synthesis of continuous MOF-5 membranes on porous α-alumina substrates. *Microporous and Mesoporous Materials*, 2009, 118(1): 296.

[173] Cao F., Zhang C., Xiao Y., et al. Helium Recovery by a Cu-BTC Metal-Organic-Framework Membrane. *Industrial & Engineering Chemistry Research*, 2012, 51, 11274.

[174] Liu Y., Hu E., Khan E. A., et al. Synthesis and characterization of ZIF-69 membranes and separation for CO_2/CO mixture. *Journal of Membrane Science*, 2010, 353(1): 36.

[175] Bux H., Liang F Fau-Li Y., Li Y Fau-Cravillon J., et al. Zeolitic imidazolate framework membrane with molecular sieving properties by microwave-assisted solvothermal synthesis. [1520-5126(Electronic)].

[176] Bux H., Liang F., Li Y., et al. Zeolitic Imidazolate Framework Membrane with Molecular Sieving Properties by Microwave-Assisted Solvothermal Synthesis. *Journal of the American Chemical Society*, 2009, 131(44): 16000.

[177] 马强. MOF 膜的设计制备及其分离性能研究. 宁波：宁波大学, 2021.

[178] Huang A., Liu Q., Wang N., et al. Highly hydrogen permselective ZIF-8 membranes supported on polydopamine functionalized macroporous stainless-steel-nets. *Journal of Materials Chemistry A*, 2014, 2(22): 8246.

[179] Liu Q., Wang N., Caro J., et al. Bio-Inspired Polydopamine: A Versatile and Powerful Platform for Covalent Synthesis of Molecular Sieve Membranes. *Journal of the American Chemical Society*, 2013, 135(47): 17679.

[180] Huang A., Liu Q., Wang N., et al. Organosilica functionalized zeolitic imidazolate framework ZIF-90 membrane for CO_2/CH_4 separation. *Microporous and Mesoporous Materials*, 2014, 192, 18.

[181] Wan L., Zhou C., Xu K., et al. Synthesis of highly stable UiO-66-NH_2 membranes with high ions rejection for seawater desalination. *Microporous and Mesoporous Materials*, 2017, 252, 207.

[182] Huang A., Wang N Fau-Kong C., Kong C Fau-Caro J., et al. Organosilica-functionalized zeolitic imidazolate framework ZIF-90 membrane with high gas-separation performance. [1521-3773(Electronic)].

[183] Huang A., Dou W., Caro J. Steam-Stable Zeolitic Imidazolate Framework ZIF-90 Membrane with Hydrogen Selectivity through Covalent Functionalization. *Journal of the American Chemical Society*, 2010, 132(44): 15562.

[184] Huang A., Caro J. Covalent post-functionalization of zeolitic imidazolate framework ZIF-90 membrane for enhanced hydrogen selectivity. [1521-3773(Electronic)].

[185] Liu Y., Wang N., Pan J. H., et al. In Situ Synthesis of MOF Membranes on ZnAl-CO_3 LDH Buffer Layer-Modified Substrates. *Journal of the American Chemical Society*, 2014, 136 (41): 14353.

[186] Zhou S. A. -O., Wei Y. A. -O., Li L. A. -O., et al. Paralyzed membrane: Current-driven synthesis of a metal-organic framework with sharpened propene/propane separation.

〔2375-2548(Electronic)〕.

[187] Worrall S. D., Mann H., Rogers A., et al. Electrochemical deposition of zeolitic imidazolate framework electrode coatings for supercapacitor electrodes. *Electrochimica Acta*, 2016, 197, 228.

[188] Van Vleet M. J., Weng T., Li X., et al. In Situ, Time-Resolved, and Mechanistic Studies of Metal-Organic Framework Nucleation and Growth. 〔1520-6890(Electronic)〕.

[189] Yao J., Dong D., Li D., et al. Contra-diffusion synthesis of ZIF-8 films on a polymer substrate. *Chemical Communications*, 2011, 47(9): 2559.

[190] Wu W. A. -O., Su J., Jia M., et al. Vapor-phase linker exchange of metal-organic frameworks. 〔2375-2548(Electronic)〕.

[191] Tu M., Wannapaiboon S., Fischer R. A. Inter-conversion between zeolitic imidazolate frameworks: a dissolution-recrystallization process. *Journal of Materials Chemistry A*, 2020, 8 (27): 13710.

[192] Eum K. A. -O., Hayashi M. A. -O., De Mello M. D., et al. ZIF-8 Membrane Separation Performance Tuning by Vapor Phase Ligand Treatment. 〔1521-3773(Electronic)〕.

[193] Jeong H. K., Krohn J Fau-Sujaoti K., Sujaoti K Fau-Tsapatsis M., et al. Oriented molecular sieve membranes by heteroepitaxial growth. 〔0002-7863(Print)〕.

[194] Côté A. P., Benin A. I., Ockwig N. W., et al. Porous, Crystalline, Covalent Organic Frameworks. *Science*, 2005, 310(5751): 1166.

[195] Bisbey R. P., Dichtel W. R. Covalent Organic Frameworks as a Platform for Multidimensional Polymerization. *ACS Central Science*, 2017, 3(6): 533.

[196] Geng K., He T., Liu R., et al. Covalent Organic Frameworks: Design, Synthesis, and Functions. 〔1520-6890(Electronic)〕.

[197] 李帅. 基于共价有机框架的多级多孔膜的制备和应用. 广州: 华南理工大学, 2022.

[198] Ding S. -Y., Wang W. Covalent organic frameworks(COFs): From design to applications. *Chemical Society Reviews*, 2013, 42(2): 548.

[199] Wang Z., Zhang S., Chen Y., et al. Covalent organic frameworks for separation applications. *Chemical Society Reviews*, 2020, 49(3): 708.

[200] Zhang W., Jiang P., Wang Y., et al. Bottom-up approach to engineer two covalent porphyrinic frameworks as effective catalysts for selective oxidation. *Catalysis Science & Technology*, 2015, 5(1): 101.

[201] Tylianakis E., Klontzas E., Froudakis G. E. Multi-scale theoretical investigation of hydrogen

storage in covalent organic frameworks. *Nanoscale*, 2011, 3(3): 856.

[202] Zhang W., Chen L., Dai S., et al. Reconstructed covalent organic frameworks. *Nature*, 2022, 604(7904): 72.

[203] He T., Zhao Y. Covalent Organic Frameworks for Energy Conversion in Photocatalysis. *Angewandte Chemie International Edition*, 2023, 62(34): e202303086.

[204] Kandambeth S., Dey K., Banerjee R. Covalent Organic Frameworks: Chemistry beyond the Structure. *Journal of the American Chemical Society*, 2019, 141(5): 1807.

[205] Huang N., Wang P., Jiang D. Covalent organic frameworks: A materials platform for structural and functional designs. *Nature Reviews Materials*, 2016, 1(10): 16068.

[206] Jin E., Li J., Geng K., et al. Designed synthesis of stable light-emitting two-dimensional sp^2 carbon-conjugated covalent organic frameworks. *Nature Communications*, 2018, 9(1): 4143.

[207] Furukawa H., Cordova K. E., O'Keeffe M., et al. The Chemistry and Applications of Metal-Organic Frameworks. *Science*, 2013, 341(6149): 1230444.

[208] 刘鹏. 二维共价有机骨架膜材料的制备及应用研究. 北京: 北京化工大学, 2020.

[209] Kirchon A., Feng L., Drake H. F., et al. From fundamentals to applications: A toolbox for robust and multifunctional MOF materials. *Chemical Society Reviews*, 2018, 47(23): 8611.

[210] Dey K., Pal M., Rout K. C., et al. Selective Molecular Separation by Interfacially Crystallized Covalent Organic Framework Thin Films. *Journal of the American Chemical Society*, 2017, 139(37): 13083.

[211] Nagai A., Guo Z., Feng X., et al. Pore surface engineering in covalent organic frameworks. *Nature Communications*, 2011, 2(1): 536.

[212] Huang N., Krishna R., Jiang D. Tailor-Made Pore Surface Engineering in Covalent Organic Frameworks: Systematic Functionalization for Performance Screening. *Journal of the American Chemical Society*, 2015, 137(22): 7079.

[213] Liu C., Jiang Y., Nalaparaju A., et al. Post-synthesis of a covalent organic framework nanofiltration membrane for highly efficient water treatment. *Journal of Materials Chemistry A*, 2019, 7(42): 24205.

[214] Hao D., Zhang J., Lu H., et al. Fabrication of a COF-5 membrane on a functionalized α-Al$_2$O$_3$ ceramic support using a microwave irradiation method. *Chemical Communications*, 2014, 50(12): 1462.

[215] Lu H., Wang C., Chen J., et al. A novel 3D covalent organic framework membrane grown on

a porous α−Al$_2$O$_3$ substrate under solvothermal conditions. *Chemical Communications*, 2015, 51(85): 15562.

[216] Colson J. W., Woll A. R., Mukherjee A., et al. Oriented 2D Covalent Organic Framework Thin Films on Single−Layer Graphene. *Science*, 2011, 332(6026): 228.

[217] Ding S. −Y., Gao J., Wang Q., et al. Construction of Covalent Organic Framework for Catalysis: Pd/COF−LZU1 in Suzuki−Miyaura Coupling Reaction. *Journal of the American Chemical Society*, 2011, 133(49): 19816.

[218] Colson J. W., Woll Ar Fau−Mukherjee A., Mukherjee A Fau−Levendorf M. P., et al. Oriented 2D covalent organic framework thin films on single−layer graphene. (1095−9203(E-lectronic)).

[219] Song Y., Fan J. −B., Wang S. Recent progress in interfacial polymerization. *Materials Chemistry Frontiers*, 2017, 1(6): 1028.

[220] 王婷. 二维卟啉基共价有机骨架及其膜材料的制备与气体分离性能研究. 长春：吉林大学, 2021.

[221] Khan N. A., Zhang R., Wu H., et al. Solid−Vapor Interface Engineered Covalent Organic Framework Membranes for Molecular Separation. *Journal of the American Chemical Society*, 2020, 142(31): 13450.

[222] Budd P. M., Elabas E. S., Ghanem B. S., et al. Solution−Processed, Organophilic Membrane Derived from a Polymer of Intrinsic Microporosity. *Advanced Materials*, 2004, 16(5): 456.

[223] Kandambeth S., Biswal B. P., Chaudhari H. D., et al. Selective Molecular Sieving in Self−Standing Porous Covalent−Organic−Framework Membranes. *Advanced Materials*, 2017, 29(2): 1603945.

[224] Li G., Zhang K., Tsuru T. Two−Dimensional Covalent Organic Framework (COF) Membranes Fabricated via the Assembly of Exfoliated COF Nanosheets. *ACS Applied Materials & Interfaces*, 2017, 9(10): 8433.

[225] Ying Y., Tong M., Ning S., et al. Ultrathin Two−Dimensional Membranes Assembled by Ionic Covalent Organic Nanosheets with Reduced Apertures for Gas Separation. *Journal of the American Chemical Society*, 2020, 142(9): 4472.

[226] Shinde D. B., Sheng G., Li X., et al. Crystalline 2D Covalent Organic Framework Membranes for High−Flux Organic Solvent Nanofiltration. *Journal of the American Chemical Society*, 2018, 140(43): 14342.

[227] Berlanga I., Ruiz‐González Ml Fau‐González‐Calbet J. M., González‐Calbet Jm Fau‐Fierro J. L. G., et al. Delamination of layered covalent organic frameworks. (1613‐6829(Electronic)).

[228] Wang H. A. ‐O., Zeng Z., Xu P., et al. Recent progress in covalent organic framework thin films：Fabrications, applications and perspectives. (1460‐4744(Electronic)).

[229] Guo Z., Zhang Y., Dong Y., et al. Fast Ion Transport Pathway Provided by Polyethylene Glycol Confined in Covalent Organic Frameworks. *Journal of the American Chemical Society*, 2019, 141(5)：1923.

[230] Biswal B. P., Chaudhari H. D., Banerjee R., et al. Chemically Stable Covalent Organic Framework(COF)‐Polybenzimidazole Hybrid Membranes：Enhanced Gas Separation through Pore Modulation. [1521‐3765(Electronic)].

[231] Kandambeth S., Biswal B. P., Chaudhari H. D., et al. Selective Molecular Sieving in Self‐Standing Porous Covalent‐Organic‐Framework Membranes. LID‐10. 1002/adma. 201603945 [doi]. [1521‐4095(Electronic)].

[232] Hou S., Ji W., Chen J., et al. Free‐Standing Covalent Organic Framework Membrane for High‐Efficiency Salinity Gradient Energy Conversion. [1521‐3773(Electronic)].

[233] 盛方猛. 纳米多孔膜的精密构筑及离子传输与分离机制研究. 合肥：中国科学技术大学, 2021.

[234] Ferrari A. C., Robertson J. Interpretation of Raman spectra of disordered and amorphous carbon. *Physical Review B*, 2000, 61(20)：14095.

[235] Yang Y. A. ‐O., Yang X. A. ‐O., Liang, L. A. ‐O., et al. Large‐area graphene‐nanomesh/carbon‐nanotube hybrid membranes for ionic and molecular nanofiltration. [1095‐9203(Electronic)].

[236] O'Hern S. C., Boutilier Ms Fau‐Idrobo J. ‐C., Idrobo Jc Fau‐Song Y., et al. Selective ionic transport through tunable subnanometer pores in single‐layer graphene membranes. [1530‐6992(Electronic)].

[237] Merchant C. A., Healy K., Wanunu M., et al. DNA Translocation through Graphene Nanopores. *Nano Letters*, 2010, 10(8)：2915.

[238] Surwade S. P., Smirnov S. N., Vlassiouk I. V., et al. Water desalination using nanoporous single‐layer graphene. [1748‐3395(Electronic)].

[239] Macha M., Marion S., Nandigana V. V. R., et al. 2D materials as an emerging platform for nanopore‐based power generation. *Nature Reviews Materials*, 2019, 4(9)：588.

［240］Jiang Y., Oh I., Joo S. H., et al. Synthesis of a Copper 1, 3, 5-Triamino-2, 4, 6-benzenetriol Metal-Organic Framework. *Journal of the American Chemical Society*, 2020, 142 (43)：18346.

［241］Wang Y., Zhao M., Ping J., et al. Bioinspired Design of Ultrathin 2D Bimetallic Metal-Organic-Framework Nanosheets Used as Biomimetic Enzymes. ［1521-4095(Electronic)］.

［242］Dong R., Zhang Z., Tranca D. C., et al. A coronene-based semiconducting two-dimensional metal-organic framework with ferromagnetic behavior. *Nature Communications*, 2018, 9(1)：2637.

［243］Pfeffermann M., Dong R., Graf R., et al. Free-Standing Monolayer Two-Dimensional Supramolecular Organic Framework with Good Internal Order. ［1520-5126(Electronic)］.

［244］Yang B., Björk J., Lin H., et al. Synthesis of Surface Covalent Organic Frameworks via Dimerization and Cyclotrimerization of Acetyls. *Journal of the American Chemical Society*, 2015, 137(15)：4904.

［245］蒋成浩，冯霄，王博. 共价有机框架膜的制备及其在海水淡化和水处理领域的研究进展. 化学学报，2020, 78(6)：466.

［246］Liu X. A. -O., He M., Calvani, D. A. -O., et al. Power generation by reverse electrodialysis in a single-layer nanoporous membrane made from core-rim polycyclic aromatic hydrocarbons. ［1748-3395(Electronic)］.

［247］Ouyang W., Wang W., Zhang H., et al. Nanofluidic crystal：a facile, high-efficiency and high-power-density scaling up scheme for energy harvesting based on nanofluidic reverse electrodialysis. *Nanotechnology*, 2013, 24.

［248］Feng J., Graf M., Liu K., et al. Single-layer MoS$_2$ nanopores as nanopower generators. *Nature*, 2016, 536(7615)：197.

［249］Cao L., Wen Q., Feng Y., et al. On the Origin of Ion Selectivity in Ultrathin Nanopores：Insights for Membrane-Scale Osmotic Energy Conversion. *Advanced Functional Materials*, 2018, 28(39)：1804189.

［250］Talham D. R., Backov R., Benitez I. O., et al. Role of Lipids in Urinary Stones：Studies of Calcium Oxalate Precipitation at Phospholipid Langmuir Monolayers. *Langmuir*, 2006, 22 (6)：2450.

［251］Hou Y., Jaffrezic-Renault N., Martelet C., et al. Study of Langmuir and Langmuir-Blodgett Films of Odorant-Binding Protein/Amphiphile for Odorant Biosensors. *Langmuir*, 2005, 21 (9)：4058.

[252] Torrent-Burgués J. Langmuir films study on lipid-containing artificial tears. *Colloids and Surfaces B: Biointerfaces*, 2016, 140, 185.

[253] Yuan J., Liu M. Chiral molecular assemblies from a novel achiral amphiphilic 2-(heptadecyl) naphtha[2, 3]imidazole through interfacial coordination. [0002-7863(Print)].

[254] Huang X., Li C Fau-Jiang S., Jiang S Fau-Wang X., et al. Self-assembled spiral nanoarchitecture and supramolecular chirality in Langmuir-Blodgett films of an achiral amphiphilic barbituric acid. [0002-7863(Print)].

[255] Wang T., Liu M. Langmuir-Schaefer films of a set of achiral amphiphilic porphyrins: Aggregation and supramolecular chirality. [1744-6848(Electronic)].

[256] Rong Y., Chen P Fau-Wang D., Wang D Fau-Liu M., et al. Porphyrin assemblies through the air/water interface: Effect of hydrogen bond, thermal annealing, and amplification of supramolecular chirality. [1520-5827(Electronic)].

[257] Era M., Adachi C., Tsutsui T., et al. Double-heterostructure electroluminescent device with cyanine-dye bimolecular layer as an emitter. *Chemical Physics Letters*, 1991, 178, 488.

[258] Ricke J., Wust P Fau-Stohlmann A., Stohlmann A Fau-Beck A., et al. CT-guided interstitial brachytherapy of liver malignancies alone or in combination with thermal ablation: Phase I – II results of a novel technique. [0360-3016(Print)].

[259] Penza M., Milella E., Anisimkin V. I. Gas sensing properties of Langmuir-Blodgett polypyrrole film investigated by surface acoustic waves. *IEEE Transactions on Ultrasonics, Ferroelectrics, and Frequency Control*, 1998, 45(5): 1125.

[260] Xie D., Jiang Y., Pan W., et al. Fabrication and characterization of polyaniline-based gas sensor by ultra – thin film technology. *Sensors and Actuators B: Chemical*, 2002, 81 (2): 158.

[261] Lu W., Gu N., Lu Z. H., et al. Langmuir-Blodgett resist films for microlithography by exposure to a scanning electron microscope. *Thin Solid Films*, 1994, 242(1): 178.

[262] Ginnai T., Harrington A., Rodov V., et al. Langmuir-Blodgett films as lubricating layers for enhancing the useful life of high density hard disks. *Thin Solid Films*, 1989, 180(1): 277.

[263] Mu J., Okamoto H., Takenaka S., et al. Monolayer and multilayer of a liquid crystal copolysiloxane at the air-water interface. *Colloids and Surfaces A: Physicochemical and Engineering Aspects*, 2000, 172(1): 87.

[264] Cao S., Wang J., Chen H. et al. Progress of marine biofouling and antifouling technologies. *Chinese Science Bulletin*, 2011, 56(7): 598.

[265] Mahapatro A. K., Johnson D. M., Patel D. N., et al. The use of alkanethiol self-assembled monolayers on 316L stainless steel for coronary artery stent nanomedicine applications: An oxidative and in vitro stability study. *Nanomedicine: Nanotechnology, biology, and medicine*, 2006, 2 3, 182.

[266] Moore N. M., Lin, N. J., Gallant, N. D., et al. The use of immobilized osteogenic growth peptide on gradient substrates synthesized via click chemistry to enhance MC3T3-E1 osteoblast proliferation. *Biomaterials*, 2010, 31 7, 1604.

[267] Kumar A., Whitesides G. M. Features of gold having micrometer to centimeter dimensions can be formed through a combination of stamping with an elastomeric stamp and an alkanethiol "ink" followed by chemical etching. *Applied Physics Letters*, 1993, 63 (14): 2002.

[268] Lullo G., Leto R., Oliva M., et al. SPIE Optics + Photonics, 2006.

[269] Hudalla G. A., Murphy W. L. Using "click" chemistry to prepare SAM substrates to study stem cell adhesion. [0743-7463(Print)].

[270] Su J., Mrksich M. Using MALDI-TOF Mass Spectrometry to Characterize Interfacial Reactions on Self-Assembled Monolayers. *Langmuir*, 2003, 19(12): 4867.

[271] Houseman B. T., Gawalt E. S., Mrksich M. Maleimide-Functionalized Self-Assembled Monolayers for the Preparation of Peptide and Carbohydrate Biochips. *Langmuir*, 2003, 19 (5): 1522.

[272] Gooding J. J., Darwish N. The rise of self-assembled monolayers for fabricating electrochemical biosensors-an interfacial perspective. *The Chemical Record*, 2012, 12 (1): 92.

[273] Frisk M. L., Tepp W. H., Johnson E. A., et al. Self-assembled peptide monolayers as a toxin sensing mechanism within arrayed microchannels. *Analytical chemistry*, 2009, 817, 2760.

[274] Love J. C., Wolfe D. B., Chabinyc M. L., et al. Self-assembled monolayers of alkanethiolates on palladium are good etch resists. *Journal of the American Chemical Society*, 2002, 1248, 1576.

[275] Lercel M., Craighead H. G., Parikh A. N., et al. Plasma etching with self-assembled monolayer masks for nanostructure fabrication. *Journal of Vacuum Science and Technology*, 1996, 14, 1844.

[276] Mahalik N. P. Principle and applications of MEMS: A review. *Int. J. Manuf. Technol.*

Manag, 2008, 13, 324.

[277] Bhushan B. Nanotribology and nanomechanics in nano/biotechnology. *Philosophical Transactions of the Royal Society A: Mathematical, Physical and Engineering Sciences*, 2008, 366, 1499.

[278] Pranzetti A., Salaün S., Mieszkin S., et al. Model Organic Surfaces to Probe Marine Bacterial Adhesion Kinetics by Surface Plasmon Resonance. *Advanced Functional Materials*, 2012, 22.

[279] Xu Z., Gao C. Graphene chiral liquid crystals and macroscopic assembled fibres. *Nature Communications*, 2011, 2(1): 571.

[280] Wu Y., Fu C. - F., Huang Q., et al. 2D Heterostructured Nanofluidic Channels for Enhanced Desalination Performance of Graphene Oxide Membranes. *ACS Nano*, 2021, 15 (4): 7586.

[281] Chen L., Shi G., Shen J., et al. Ion sieving in graphene oxide membranes via cationic control of interlayer spacing. *Nature*, 2017, 550(7676): 380.

[282] Ali T., Yan C. L. 2D Materials for Inhibiting the Shuttle Effect in Advanced Lithium-Sulfur Batteries. *Chemsuschem*, 2020, 13(6): 1447.

[283] Etxeberria-Benavides M., Johnson T., Cao S., et al. PBI mixed matrix hollow fiber membrane: Influence of ZIF-8 filler over H_2/CO_2 separation performance at high temperature and pressure. *Separation and Purification Technology*, 2020, 237.

[284] Mao X. L., Xu M. Z., Wu H., et al. Supramolecular Calix [n] arenes - Intercalated Graphene Oxide Membranes for Efficient Proton Conduction. *Acs Applied Materials & Interfaces*, 2019, 11(45): 42250.

[285] Wu Y., Ding L., Lu Z., et al. Two-dimensional MXene membrane for ethanol dehydration. *Journal of Membrane Science*, 2019, 590.

[286] Dai L., Huang K., Xia Y., et al. Two-dimensional material separation membranes for renewable energy purification, storage, and conversion. *Green Energy & Environment*, 2021, 6 (2): 193.

[287] Tian M., Pei F., Yao M. S., et al. Ultrathin MOF nanosheet assembled highly oriented microporous membrane as an interlayer for lithium-sulfur batteries. *Energy Storage Materials*, 2019, 21, 14.

[288] Xiong P., Sun B., Sakai N., et al. 2D Superlattices for Efficient Energy Storage and Conversion. *Advanced Materials*, 2020, 32(18).

[289] Guo D., Ming F. W., Su H., et al. MXene based self-assembled cathode and antifouling separator for high-rate and dendrite-inhibited Li-S battery. *Nano Energy*, 2019, 61, 478.

[290] Kim S., Wang H. T., Lee Y. M. 2D Nanosheets and Their Composite Membranes for Water, Gas, and Ion Separation. *Angewandte Chemie-International Edition*, 2019, 58(49): 17512.

[291] Li Y., Zhao W., Weyland M., et al. Thermally Reduced Nanoporous Graphene Oxide Membrane for Desalination. *Environmental Science & Technology*, 2019, 53(14): 8314.

[292] Li Y. Z., Fu Z. H., Xu G. Metal-organic framework nanosheets: Preparation and applications. *Coordination Chemistry Reviews*, 2019, 388, 79.

[293] Mao H., Zhen H. G., Ahmad A., et al. Highly selective and robust PDMS mixed matrix membranes by embedding two-dimensional ZIF-L for alcohol permselective pervaporation. *Journal of Membrane Science*, 2019, 582, 307.

[294] Fang M., Montoro C., Semsarilar M. Metal and Covalent Organic Frameworks for Membrane Applications. *Membranes*, 2020, 10(5): 107.

[295] Shinde D. B., Aiyappa H. B., Bhadra M., et al. A mechanochemically synthesized covalent organic framework as a proton-conducting solid electrolyte. *Journal of Materials Chemistry A*, 2016, 4(7): 2682.

[296] Meng X., Wang H.-N., Song S.-Y., et al. Proton-conducting crystalline porous materials. *Chemical Society Reviews*, 2017, 46(2): 464.

[297] Yao J., Wang H. Zeolitic imidazolate framework composite membranes and thin films: synthesis and applications. *Chemical Society Reviews*, 2014, 43(13): 4470.

[298] Xiao A., Cao L., Li X., et al. Post-Synthesized Method on Amine-Functionalized MOF Membrane for CO_2/CH_4 Separation. *ChemistrySelect*, 2018, 3(32): 9499.

[299] Hou Q., Wu Y., Zhou S., et al. Ultra-Tuning of the Aperture Size in Stiffened ZIF-8_ Cm Frameworks with Mixed-Linker Strategy for Enhanced CO_2/CH_4 Separation. *Angewandte Chemie International Edition*, 2019, 58(1): 327.

[300] Hou J., Sutrisna P. D., Zhang Y., et al. Formation of Ultrathin, Continuous Metal-Organic Framework Membranes on Flexible Polymer Substrates. *Angewandte Chemie International Edition*, 2016, 55(12): 3947.

[301] Li Y., Lin L., Tu M., et al. Growth of ZnO self-converted 2D nanosheet zeolitic imidazolate framework membranes by an ammonia-assisted strategy. *Nano Research*, 2018, 11(4): 1850.

[302] Sun Y., Liu Y., Caro J., et al. In-Plane Epitaxial Growth of Highly c-Oriented NH_2-MIL-

125 (Ti) Membranes with Superior H_2/CO_2 Selectivity. *Angewandte Chemie International Edition*, 2018, 57(49): 16088.

[303] Le N. L., Nunes S. P. Materials and membrane technologies for water and energy sustainability. *Sustainable Materials and Technologies*, 2016, 7, 1.

[304] Kadhom M., Deng B. Metal−organic frameworks(MOFs)in water filtration membranes for desalination and other applications. *Applied Materials Today*, 2018, 11, 219.

[305] Lee J. −Y., Tang C. Y., Huo F. Fabrication of Porous Matrix Membrane (PMM) Using Metal−Organic Framework as Green Template for Water Treatment. *Scientific Reports*, 2014, 4 (1): 3740.

[306] Paseta L., Antorán D., Coronas J., et al. 110th Anniversary: Polyamide/Metal−Organic Framework Bilayered Thin Film Composite Membranes for the Removal of Pharmaceutical Compounds from Water. *Industrial & Engineering Chemistry Research*, 2019, 58(10): 4222.

[307] Sorribas S., Gorgojo P., Téllez C., et al. High Flux Thin Film Nanocomposite Membranes Based on Metal−Organic Frameworks for Organic Solvent Nanofiltration. *Journal of the American Chemical Society*, 2013, 135(40): 15201.

[308] Wu G., Li Y., Geng Y., et al. Adjustable pervaporation performance of Zr−MOF/poly(vinyl alcohol)mixed matrix membranes. *Journal of Chemical Technology & Biotechnology*, 2019, 94 (3): 973.

[309] Yaghi O. M. Reticular Chemistry—Construction, Properties, and Precision Reactions of Frameworks. *Journal of the American Chemical Society*, 2016, 138(48): 15507.

[310] Hu Z., Deibert B. J., Li J. Luminescent metal−organic frameworks for chemical sensing and explosive detection. *Chemical Society Reviews*, 2014, 43(16): 5815.

[311] Xu Y., Li Q., Xue H., et al. Metal−organic frameworks for direct electrochemical applications. *Coordination Chemistry Reviews*, 2018, 376, 292.

[312] Li C., Li D., Zhang W., et al. Towards High−Performance Resistive Switching Behavior through Embedding a D−A System into 2D Imine−Linked Covalent Organic Frameworks. *Angewandte Chemie International Edition*, 2021, 60(52): 27135.

[313] Wang R., Shi X., Xiao A., et al. Interfacial polymerization of covalent organic frameworks (COFs) on polymeric substrates for molecular separations. *Journal of Membrane Science*, 2018, 566, 197.

[314] Zhang X., Li H., Wang J., et al. In−situ grown covalent organic framework nanosheets on graphene for membrane − based dye/salt separation. *Journal of Membrane Science*, 2019,

581, 321.

[315] Ning G. -H., Chen Z., Gao Q., et al. Salicylideneanilines-Based Covalent Organic Frameworks as Chemoselective Molecular Sieves. *Journal of the American Chemical Society*, 2017, 139(26): 8897.

[316] Fan H., Gu J., Meng H., et al. High-Flux Membranes Based on the Covalent Organic Framework COF-LZU1 for Selective Dye Separation by Nanofiltration. *Angewandte Chemie International Edition*, 2018, 57(15): 4083.

[317] Xu L., Xu J., Shan B., et al. TpPa-2-incorporated mixed matrix membranes for efficient water purification. *Journal of Membrane Science*, 2017, 526, 355.

[318] Wang C., Li Z., Chen J., et al. Covalent organic framework modified polyamide nanofiltration membrane with enhanced performance for desalination. *Journal of Membrane Science*, 2017, 523, 273.

[319] Fang M., Montoro C., Semsarilar M. Metal and Covalent Organic Frameworks for Membrane Applications. *Membranes*, 2020, 10(5): 107.

[320] Montoro C., Rodríguez-San-Miguel D., Polo E., et al. Ionic Conductivity and Potential Application for Fuel Cell of a Modified Imine-Based Covalent Organic Framework. *Journal of the American Chemical Society*, 2017, 139(29): 10079.